服 装 工 程 技 术 类 精 品 教 材

男装结构设计 与纸样

PATTERN-MAKING OF MEN'S GARMENTS

丛书主编：张文斌

李兴刚　编著
夏　明　服装结构设计CAD制图
邢晓梁　服装款式绘图

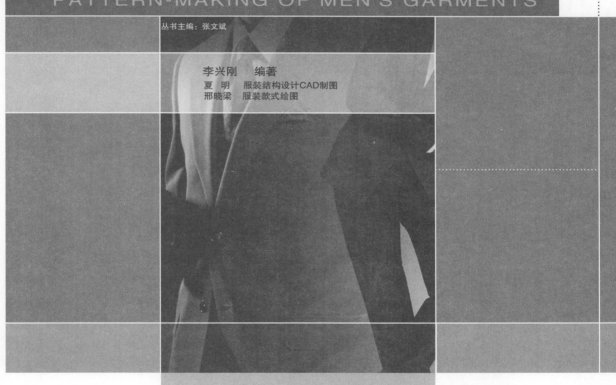

东季大学出版社
·上海·

前　言

　　本教材的编写是为加快我国服装专业教学的国际化进程和促进我国服装事业不断深入发展而做出的努力。为方便不同读者的需求以及相关专业教学的使用，编著者在已出版的《男装结构设计与缝制工艺》（普通高等教育"十一五"国家级规划教材）一书的基础上，经过改写而成了《男装结构设计与纸样》《男装缝制工艺》。

　　编著者在总结多年专业教学、科学研究和社会实践经验的基础上进行了系统深入的理论总结和严谨细致的撰写，既突出对基本原理和方法的阐述，又强调了对款式制图实例的分析，因此本教材在编写上有所创新，具备了先进性、前瞻性、实用性和独特性。

　　东华大学(原中国纺织大学)李兴刚教授担任本教材的主编，东华大学夏明副教授、服装设计师邢晓梁参加了本教材的编著工作。李兴刚教授完成了本教材全部文字内容的编撰和电子文稿的书写，以及完成了第一章中图片的Adobe Photoshop处理；夏明副教授完成了服装结构设计CAD制图，以及对第四章第三节、第五章第二节和第六章第二节中部分内容的编写提出了建议；邢晓梁完成了服装款式图的绘画。东华大学张文斌教授负责主审工作；李元虹负责服装CAD制图监制；东华大学张金文老师负责校对工作。

　　李兴刚教授在科研和社会实践中得到了雅戈尔集团有限公司的李如成、张明杰、邵咪飞、傅亮，江苏虎豹集团的蒋茂远、蒋迎春、周士飞，宁波宜科科技实业有限公司的张国君、马镜跃、毕建能，以及慈溪市希豪贝服装模型厂的徐新法等各位领导的大力支持和帮助。在此表示衷心的感谢！

　　在编写中难免有错误和遗漏之处，欢迎专家们、服装专业院校的师生以及广大读者们批评指正。

编著者

2020年9月

目录 Content

第 一 章 绪 论

第一节 男装历史及其风格演变

一、男装历史

1. 从古代的披挂式服装到中世纪的包裹性袍服

早在一两万年以前，人类就会用野兽的皮毛裹住身体取暖。从公元前6000年古埃及到公元476年古罗马末期的数千年间，大多数国家的男子和女子穿着几乎都是相同类型的服装。这种服装就是用单块和多块面料不经过缝制或稍加缝制后缠绕和披挂包裹在身上，所以这类服装被称为块料型服装或披挂式服装。

块料型服装从公元前1600年的商周时期开始在古代中国流行过较短的时间。当时流行用多块面料叠加缝制的上衣下裳制和衣裳连属制的服装。在这个时期还出现了织绣工艺，并一直延续到近现代，并形成了独特的中国服饰样式和服饰文化。

从公元5世纪开始，随着西罗马帝国的灭亡，基督教在西方世界得到迅速传播。基督教对西方社会产生了巨大的影响，也影响了西方人的服装穿着。这个时期封闭性的袍服开始代替披挂式的古代服装。袍服是一种上衣与下装相连、直身不收腰省、能包裹全身的服装。在袍服里面要穿单衣，因此外袍内衫是中世纪人们着装的主要形式。袍服的出现标志着成衣缝制式时代的到来。

根据史料记载，14世纪出现的格陵兰长袍在剪裁方法上创造性地使用了省道技术。这种剪裁方法使服装结构由二维转向三维，同时也意味着男女服装的差别从此开始了。在中世纪后期男子服饰流行式样为身穿带有纹章装饰的紧身衣裤、肩披披风、腰佩长剑和带有头盔的骑士装束。

2. 14~19世纪的男装呈现出现代实用性

从14世纪开始，随着科学生产技术的进步和经济的不断发展，西方发动了轰轰烈烈的文艺复兴运动。受此影响，服装设计进入了以表现人体本身为目的的时代，男装和女装开始呈现出各自的特点与风格。从服装的外观形态来看，男装主要是通过在胸、肩、袖子等部位填入羊毛和棉絮等材料来表现男性上身宽阔的阳刚特征，而女装则是通过塑型胸衣束紧上身和腰部并用裙撑来扩大裙子围度，形成上紧下松的廓型来表现女性纤细娇柔的形体美。男装和女装的这一刚一柔的造型风格在西方延续了将近4个世纪。这一时期的服装特征被服装史学界称为箍裙时代。

从18世纪到19世纪初，服装设计师们对贾斯特科进行改良，形成了燕尾服的过渡样式，称为"夫拉克"。后来由"夫拉克"派生出两种典型的男装样式：一种是燕尾服，成为西方男士的正式晚礼服；另一种是晨礼服，亦称为昼礼服。

从19世纪50年代至70年代，男装款式趋向于简洁、庄重和考究。三件套西装样式已成为男士的日常着装和礼服。此外，男衬衫衣领款式也由高立领改变为立翻领。同时，一直作为内衣穿用的衬衫也逐渐演变为可以外穿的服装。这一时期男装款式经历了很大的改变，概括起来就是由繁琐逐渐走向简洁化、功能化、实用化，初步呈现出现代男装的模型。

3. 战争对男装的影响

(1) 第一次世界大战对男装的影响

1914年至1918年，欧洲大陆爆发的第一次世界大战对男装变化也带来了一定的影响，使男装在功能性上得到了加强，变得更加简洁和实用。战争结束后，适合户外活动用的猎装、骑马装、运动装等逐渐成为人们的日常着装。此时，款式一贯拘谨的英国式西服也开始发生了变化。男西服的纽扣位提高，纽扣数量增多，翻驳的驳头变短，这使款式风格变得活跃起来。进入20世纪30年代，英国又出现了一种宽松型、有悬垂感的西服。这种西服的肩部、领子和驳头都比较宽，纽扣位置较低，因此驳头显得较长。这一时期在美国则出现了带有美国风格的休闲式西服。这种西服不仅受到美国人的喜爱，同时也受到欧洲上层社会人士的普遍欢迎。

从20世纪初至20世纪20年代末，中国的服装和服饰也开始发生变革。随着清朝的灭亡和国门的打开，西式服装开始进入中国社会并流行开来。此时中山装也悄然兴起，但传统的中式服装如马褂、长衫依然是当时中国男子的日常着装。

(2) 第二次世界大战对男装的影响

1939年爆发了第二次世界大战。西方的男装款式再次受到军装风格的影响。夹克式军装配长裤和皮制短靴或齐小腿中部的松紧靴，成为当时普遍流行的装束。男西服的肩部造型显得夸张，同时领子和领带也加宽了，其造型风格力求展示男性强壮有力的特点。而美国对服装的服用性能(包括对服装的防护性、卫生性、规格尺寸及标志识别等方面)进行了大量的研究，使服装在功能化和标

准化方面有了很大的发展。这些研究成果推动了美国成衣大工业化生产。

4. 20世纪50年代的男装特点

从"二战"结束后的50年代开始，国际局势趋向于稳定。随着社会经济的不断发展及生活水平的逐步提高，人们对服装的要求也愈来愈高。正式男装以西服、马甲、西裤三件套服装为主，总体依然保持着典雅、稳健的风格。此时期人们开始追求个性化和舒适性的生活方式，这促使了男休闲服装大规模地盛行起来。此外，摩托车成为当时欧美年轻人普遍喜欢的交通工具，因此与之相配的皮夹克、皮裤、皮靴也风靡一时。

这一时期意大利服装业以其独有的创意设计成为新的世界服装中心。意大利服装设计师们在男装设计方面有着诸多的创新，例如：在西装袖子设计上运用剪裁方法处理使西服的肩宽得以加宽，采用小而高的翻领等；在夹克的设计中运用直线形外廓型和调整衣长比例，强调造型的方正感。这些变化设计给男装注入了活力，带来了新的审美内容。

在新中国成立后的很长时间里，中山装、列宁装以及由中山装改造的"青年装"是中国的正式男装。另外工装衣裤、中式短袄和肥大裤子以及从苏联学来的方格衬衫，成了新事物的代表，在中国也很盛行。在整个50年代，中国男式服装都以朴素为美。

5. 20世纪60年代的男装特点

20世纪60年代在西方的一些国家出现了许多新的流行男装，如牛仔服、T恤衫等。1965年左右出现于英国的"摩兹式"和1967年出现于美国的"嬉皮士"与"孔雀革命"，对60年代的服装变革起到了重要作用。"孔雀革命"对男装色彩变化有着积极促进作用，使男装的色彩走出了以黑色为主的时代。

6. 20世纪70年代的男装特点

在20世纪70年代，牛仔服是男女老少都喜爱穿着的日常服装。与此同时，在男西服中出现了用各种格子面料、粗花呢、灯芯绒及棉麻织物制作的具有休闲风格的便西服，在款式上出现了明贴袋和采用缉明线等各种非传统西服的工艺手段。在服装设计中出现了许多新的手法，譬如：在礼服设计中融入运动服的活泼元素；在男西服设计中出现了将英式、美式和欧式组合在一起的样式；还出现了将夹克和衬衫特点融合在一起的衬衫式夹克。在这一时期"嬉皮士"和"朋克"风格的前卫服装和运动服继续受到一定的欢迎。

1966~1976年中国处于特殊时期，大多数人都身着绿色军便装和蓝色中山装。到70年代后期，随着改革开放政策的实施，我国服装业开始融入国际服装发展的大潮之中。

7. 20世纪80年代及以后的男装特点

20世纪80年代是中国服装迈向国际化的重要发展时期。20世纪80年代后，随着世界经济的复苏，男装出现复古现象。在设计风格上不仅出现了回复本世纪各个年代流行样式，而且还将史前风格样式、古希腊样式、中世纪样式、文艺复兴时期和新古典主义样式吸取到现代款式设计中。在原材料上大量采用棉、麻、丝、毛等天然纤维。在装饰内容上，各种具有原始风格的图腾纹样和民族民间的纹样受到了重视，甚至连古老的非洲土著衣裙、撒克逊式披风和吉普赛人的装束等也被发掘出来加以改进使用。这一时期产生了许多新的男装样式，增强了男装的时尚性和流行性。

20世纪80年代是我国服装界迎来中西服装大交融的新时期。此后，西方服装的各种款式在中国都得到广泛流行。

二、男装风格演变

男装风格是通过男装的款式表现出来的。总体来说男装风格可分为：古典型风格、优雅型风格、阳刚型风格、柔美型风格、运动型风格、舒适型风格、民族型风格和前卫型风格等。这些风格通过相应的款式表现出来，从而呈现出不同时期的男装流行趋势。

1. 古典型风格

古典型风格男装起源于欧洲的传统文化，带有浓郁的欧洲贵族气息，呈现出高雅、华丽、严谨和精美的风貌。这类服装通过合体的外观廓型、合理的结构方法、高档的面辅料、理想的色彩、得体的装饰和高超的制作工艺等方面显示出宫廷王室和贵族阶层主导的衣着风尚和审美观。燕尾服、晨礼服和礼服衬衫等是古典型风格的代表。

燕尾服亦称晚礼服，是晚间出席宴会、观看戏剧、参加音乐会和大型舞会等正式社交活动时穿着的礼服。由于燕尾服款式一直受到人们的尊崇，因此其款式特点至今都基本上保持着古老传统的式样。燕尾服有戗驳领和青果领两种驳头造型，驳头和领面采用与衣身同色的缎子料。燕尾服的前衣身下摆短至腰节线，左右前衣身上各有三粒装饰纽扣，穿着时不扣纽扣。燕尾服的后衣身从侧身长至膝关节，后开衩从腰节处开始向下。燕尾服的面料规定采用黑色和深蓝色的礼服呢。穿着燕尾服时有着严格的搭配要求：里面需穿方领或青果领、三粒扣或四粒扣的白色礼服马甲；内衣应穿礼服衬衫；系白色领结；前胸袋里装白色胸巾；带白色手套；下装穿与衣服同种面料且两侧镶有缎面装饰条的不翻边裤子；穿黑色袜子和黑色漆皮皮鞋。

晨礼服又称大礼服，是白天参加重大社交活动时所穿着的礼服。晨礼服和燕尾服是同一级别的服装，都被称为第一礼服，其面料采用黑色或银灰色的礼服呢。晨礼服款式特点是：领子造型为戗驳领或八字领型；前衣身在腰节线处有一粒扣，叠门宽2cm；从纽扣位下向后衣身的膝关节处呈圆摆形状。穿着晨礼服时的搭配要求是：内穿双排六粒扣的礼服马甲，马甲面料和晨礼服相同或用灰色面料；内衣为双翼领型白色衬衫；系黑灰斜条或全黑色领带(参加葬礼时应系全黑色领带)；胸袋插白色饰巾；带白色或灰色手套；下穿不翻裤脚边裤子，裤子面料与上衣相同或用灰黑条纹相间的毛料；袜子和皮鞋都应是黑色。

图1-1为燕尾服和晨礼服的样式。

2. 礼服型风格

礼服型风格服装指除燕尾服和晨礼服以外的可作为礼服穿着的服装。由于它们在穿着时有严格的搭配要求而显得繁琐，因此为适应当今社会的快节奏生活方式，出现了穿着相对简便的可替代它们的礼服。

可代替燕尾服的是塔士多礼服。它的款式特点是一粒扣、无燕尾、用缎料缝制、双嵌线无袋盖。它要求在晚间穿着，穿着时搭配要求是：应配与外衣面料相同、U字形驳翻领、四粒扣的礼服马甲，马甲也可用黑丝绸制成的卡玛绉腰带来代替；内衣为双翼领型、胸部有褶的白色礼服衬衫；带黑色领结；下装为侧缝镶有缎料条的不翻贴边裤。

可代替晨礼服的款式特点是：戗驳领、一粒或两粒扣的类似普通西装的礼服，要求在白天穿着，穿着搭配与晨礼服的要求相同。

另外，还出现了不受时间、地点和级别限制的黑色套装礼服。其款式特点为戗驳领、双排扣、双嵌线无袋盖。此外，戗驳领、一粒扣、有袋盖的西装，和戗驳领、双排六粒扣、有袋盖的西装，现在都可以作为

图1-1　燕尾服（左）和晨礼服（右）的样式

不受时间和搭配限制的日常礼服穿着。

图1-2为戗驳领、双排六粒扣、有袋盖的西装礼服，它的穿着不受时间地点和级别的限制。

3. 优雅型风格

优雅型风格男装是从古老传统的款式演变而成的。它的特征是张弛有度的外观廓型，设计比较简约化，显得温和亲切，浪漫而有风度。这类款式在经典中透露着文化氛围和时尚气息，并恰到好处地突出了精致装饰。在色彩运用中一般以柔和色调为主。优雅风格的男装款式具有多样性。比如西装款式单从纽扣方面来讲，可以有一粒扣、二粒扣、三粒扣、四粒扣、五粒扣、六粒扣和八粒扣之分。

图1-3为两款优雅型风格西装。

4. 阳刚型风格

阳刚型风格服装体现男性具有的阳光、刚毅和稳健特征。阳刚型风格服装外观廓型简练而有力度。它的设计受到战争和军服样

图1-2 礼服型风格　　　　　　　图1-3 优雅型风格　　　　　　　图1-4 阳刚型风格

式的影响，比较多地运用T型和H型廓型，并在细节设计上大量使用那些能表现男子气概的设计元素和沉稳的色调，较多地采用质地结实、有粗糙肌理感的面料。

图1-4为具有阳刚之气的皮夹克。

5. 柔美型风格

柔美型风格男装是在受到女装流行款式的影响下而产生的一种中性化风格。在这类风格男装设计中，较多地采用女性化的设计元素来表现男子性格中温柔、细腻甚至妩媚的一面。例如，在结构设计中运用了柔和的曲线线条，在色彩上采用了女性化艳丽的颜色，在面料上采用了花色面料和各种质地柔软、飘逸的面料等来突出男装女性化的效果。

图1-5为具有柔美性的贴体型西服。

6. 运动型风格

具有运动型风格的男装在世界各国的不同时期都广为流行，深受人们的喜爱。其款式风格随着时代的发展而不断有所变化和创新。这类风格的服装大都针对专业运动的特点和需要，因此在款式设计、结构设计、材料选用和工艺制作上注重考虑服装的功能性、舒适性、实用性。

图1-6为典型的运动风格服装。

7. 舒适型风格

随着社会的发展，近年来讲究穿着舒适型风格的服装在世界各国都广泛地流行着。现在设计和生产舒适型风格男装已成为各生产商相互竞争的目标。在这类服装设计中，设计师根据市场的要求，特别突出以人为本的人性化设计理念，并运用求真求实的设计手法去实现随

图1-5　柔美型风格

图1-6　运动型风格

图1-7　舒适型风格

意舒适的穿着风格。为了达到舒适型风格，在结构设计中多采用较宽松型的结构，在面料选用上较多采用透气性好且吸湿性强的棉、麻、丝等织物。另外，对衬、里等辅料与面料的配伍性也展开了深入的研究。

图1-7中是宽松型的棉布夹克。

8. 民族型风格

世界各国不同的民族大多数都有自己民族风格和传统风格的服装。不同民族的服装在款式、用色方法和图案纹样等方面都有自己的特点。民族风格型男装一般采用自然的面辅料以及独到的制作工艺技术等。民族型风格服装的设计元素给现代男装设计注入了新的活力。

图1-8中服装反映了民族型风格的特色。

9. 前卫型风格

前卫型风格的服装作为一种尝试，现常见于当今国内外服装设计师的作品中。这类服装具有鲜明的个性风格，其设计手法不受约束，适合追求时尚的青年人穿着。这种前卫型风格男装具有一定的实验性。

图1-9中服装反映了前卫型风格的特色。

图1-8　民族型风格

图1-9　前卫型风格

第二节 男装结构设计概述

在近代出现的服装人体科学研究涵盖了人体工程学、服装款式设计、服装结构设计、服装缝制工艺和服装材料学等诸多领域的内容。男装结构设计是服装结构设计中的一大类别，因此要做好男装结构设计就应对男子体型、男装款式特点、男装结构设计方法、男装缝制工艺和面辅料性能等方面的问题进行深入研究。本节重点针对这几方面问题进行论述。

一、男子体型与结构设计

服装不仅是人体着装的需要，而且能起到装饰美化人体的作用。标准体型的男子穿着合体的服装就更能表现其优美的形体外观，而不太标准或特殊体型的男子穿上合理化结构设计的服装，也能掩盖其体型的不足，达到较好的形体外观。所以无论是哪种体型的人，如果想要穿出优美的外观形态，那么首先应准确地了解人体各部位的尺寸，分析制定出适合该体型的服装规格，然后进行结构设计，打出样板并进行服装缝制。这就是说结构设计依赖于对体型的研究。

世界上许多国家早已对人体体型进行了测量和研究，并建立了适合本国国情的国家服装号型标准，这些服装号型标准对促进服装行业发展起到了重要的作用。我国对人体体型的测量与研究起步比较晚，直到20世纪70年代初才制定了国家服装号型标准。后来于1987年重新进行了全国性的人体测量，并于1991、1997年对服装号型进行了修订。但由于我国幅员辽阔、人口众多，要制订出完全适合我国国情的服装号型标准的确有很大的难度。在我国 GB/T 1335.1—1997 服装号型标准中，将13～17岁的男子定为少年男子，将18～60岁的男子定为成年男子，并将胸围和腰围的差数在17～22cm之间的体型划分为Y型(瘦体)，将胸围和腰围的差数在12～16cm之间的体型划分为A型（标准体），将胸围和腰围的差数在7～11cm之间的体型划分为B型（壮体），将胸围和腰围的差数在2～6cm之间的体型划分为C型（胖体）。同时它还对身高、颈椎点高、坐姿颈椎点高、全臂长、腰围高、胸围、颈围、总肩宽、腰围和臀围等部位标明了数值。尽管有了这些数值，但将18～60岁定为成年人很难反映出青年男子和中老年男子体型的差别。另外，在服装号型中人体许多重要部位的数据也没能反映出来，例如前胸宽、后背宽及侧颈点(SNP)至胸高点(BP)之间的尺寸等方面都未能表示出来。这给进行精确的结构设计带来了不便。因此只有不断地完善服装号型中的数据，才能给服装结构设计提供可靠的保障。

二、男装款式特点与结构设计

男装款式主要应体现出男子的阳刚气概、严谨潇洒的风度和豪爽粗犷的气质特点，这是男装区别于女装款式很重要的表现。但由于当今社会处于多元化状况，更重要的是现代男子的着装理念和对服装款式的追求较之以往有了很大的改变，这就导致了现代男子的着装不拘泥于传统的某些款式，而侧重于个性化表现。因此现在各类男装款式有了很多变化，各种款式男装都能在世界市场上广泛地流行。

以前中国的男装款式品种很少，除衬衫、中山装、中装(亦称唐装、汉装)、大衣和宽松型裤子等品种外，其他的男装款式在中国很难流行。自20世纪70年代改革开放以来，我国服装业如同其他领域一样也有了很大的发展。中国男子的着装观念也发生了很大的改变。现在大多数男子都很注重自己的穿着仪表，对服装的要求越来越高。这种对服装的向往和追求也是促进我国服装行业发展的一种动力。当今凡在世界上流行的各类男装也广泛地流行在我国，如燕尾服、西服、马甲、衬衫、T恤衫、夹克、牛仔服、大衣、风衣、羽绒服、皮装、运动服和裤装等都成了我国男子的需求。

为体现男装款式的特点，在结构设计中应采用相应的设计原理和方法。例如在前后横开领的设计、肩斜度的设定、后背宽和前胸宽数值的确定、三围差(胸围、腰围和臀围)的处理及袖窿与袖山弧的吻合等方面，都要根据男子体型特征进行合理化结构设计。

三、男装结构设计方法

男装结构设计方法主要有平面结构设计、立体裁剪、立体裁剪与平面结构设计相结合等方法。

平面结构设计是服装与人体的立体三维关系通过专业技术人员用平面制图画出纸样。此方法的优点是比较简便，缺点是准确度不够，得到的纸样很难达到一次性到位的要求，往往要通过多次试样来修正和完善。

立体裁剪是用白坯布或直接用面料覆盖在人体或人体模型(也称人台)上，按照服装款式要求进行裁剪。立体裁剪具有直观性强、准确度高、容易修改与调整以及能处理好平面设计中难以解决的一些问题的优点，但它比较耗时、费料。立体裁剪在20世纪80年代开始进入我国服装院校专业课程的教学，至今在我国得到了较快的普及和发展。

立体裁剪与平面设计相结合是将两种方法相结合在一起使用，这样可以取长补短地充分发挥它们各自的优点。

四、男装缝制工艺与结构设计

服装缝制工艺技术发展至今已达到了很现代化的水平。服装缝制工艺的革新和进步很大程度上依赖于服装机械设备性能的改进和提高。目前国内外先进缝制设备的种类很多，它们对促进缝制工艺的改进起到了积极的推动作用。为提高市场竞争力，我国许多服装加工企业都对缝制设备进行了升级换代。新的缝制工艺技术在我国服装行业中得到普及和提高。缝制工艺的进步也要求结构设计做出相应的变化。因此需很好地研究缝制工艺和结构设计中的各方面问题，使服装结构设计的理论能跟上不断变化的新形势。

五、面辅料与结构设计的关系

随着社会的发展，现代男子不仅在着装观念上已发生了重大变化，而且对外观造型和服装品质的要求越来越高。人们的这些需求都涉及到面辅料与结构设计中的问题。服装面料和辅料是影响结构设计的重要因素，比如男西服要使其质量达到软、薄、轻、挺、圆、顺、匀等品质标准，就必须进行面料和辅料配伍性的研究，并找出它们对结构设计的影响关系。现代服装面料和辅料不仅品种很多，而且质量也越来越好。因此，在面料上多采用克重较轻、手感柔软、悬垂性良好且质量上乘的薄型纯毛面料。这些面料的色彩和花型更加丰富、明亮、轻松、自然。在辅料的运用上应注重采用优质辅料，比如所采用的粘合衬、黑碳衬、马鬃衬和衬里等，要求手感更柔软、更轻盈，保形性好、透湿透气性好以及穿着轻松自在。

第三节　男装款式廓体造型、衣身变化及细部造型

一、男装款式廓体造型

男装款式廓体造型是指男装款式的外部形态。廓体造型指因衣身的胸部、腰部和臀部之间的放松量不同而形成的不同外观。男装款式廓体造型种类很多，其主要的几种造型是：

1. A型

A型的特征是上窄下宽。这种廓型用于长的和比较长的外套类服装。由于下摆量很大，显得很潇洒，也便于人的活动。图1-10为有帽风衣A型款式。

2. H型

H型的特征是衣身上部、腰部和下摆的量几乎同样大，它能显示出男子的庄重大方。这种廓型可应用于各类男子服装设计中，如短袖衬衫就是其中一例，见图1-11。

3. T型

T型的特征是上宽下窄，它加宽了肩部的宽度，下摆比较合体。它能显示出男子的威武和阳刚之气。图1-12为T型夹克款式。

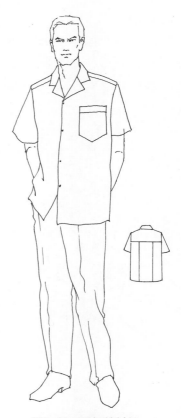

图1-11 H型短袖衬衫

图1-10 A型有帽风衣

图1-12 T型夹克

4. X型

X型的特征是肩部和下摆都比较宽而中间比较贴体。这种廓体造型能衬托出男子的活泼。图1-13为X型收腰派克衫。

图1-13　X型收腰派克衫

二、衣身变化

为了防止男装款式单调、呆板，使男装款式也能像女装那样绚丽多彩，因此在男装衣身结构设计中也尽量采用收省、褶裥和分割(开刀)等多种结构方法。

1. 收省

为了使衣身造型符合人体形态，在贴体和较贴体款式的前衣片中，可采取撇胸和收省的方法。撇胸是从前领口至胸围线撇去2cm的量，这样使前胸处比较合体。收省是从前胸高点至袋口线收去一定的省量，并在袋口处剪去一定的省量，这样使前衣片能贴合人体。图1-14为西装和燕尾服前衣身的撇胸和收省方法。

图1-14　撇胸和收省

2. 褶裥

褶裥可用作服装装饰或在人体运动时起到活动松量变化的作用。褶裥在前衣身上体现在西装礼服衬衫的前胸处，它在这里主要起装饰作用。后衣身上的褶裥，如用在衬衫、夹克衫等服装上的褶裥，既有装饰作用又有运动功能，见图1-15。

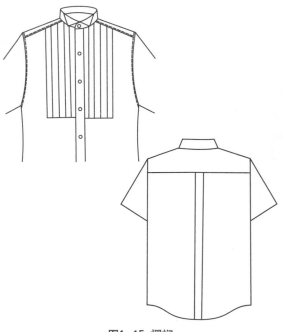

图1-15　褶裥

3. 分割(开刀)

分割是服装结构设计中的一个重要方法，它能使服装款式多变。在男装结构设计中分割方法显得非常重要。分割可从纵向、横向、斜向及纵横交叉来进行。图1-16是夹克分割的例子。

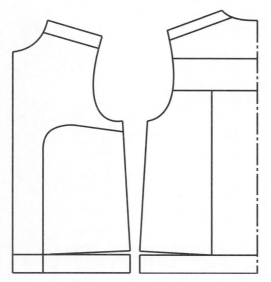

图1-16 分割

三、细部造型

细部造型主要是从领子、翻驳、衣袖、口袋、衩等方面造型来体现。这些细部造型设计十分重要，它能使男装款式变得品种繁多、精彩非凡。这些造型变化能够适应服装市场激烈竞争的状况，同时也能满足现代男子的穿着追求。

(一)领子造型

男装领子在基础领型立领和翻折领的基础上也可以有很多变化，形成多种多样的男装领子造型。

1. 立领

图1-17为立领中装和立领夹克的领型。

2. 翻领

图1-18为翻领两用衫和运动衫的领型。

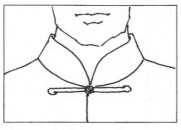
中装立领

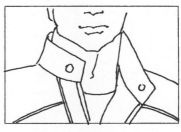
夹克立领

图1-17 立领

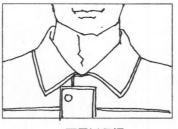
两用衫翻领

运动衫翻领

图1-18 翻领

3. 立翻领型

领子下部是立领、上部是翻领组成立翻领。男衬衫、中山装和立翻领风衣中的领子是立翻领型。图1-19为男衬衫和中山装的立翻领领型。

4. 翻折领

翻折领是翻领的一种形式，多与有驳头的款式相配。图1-20为西装翻折领型。

（二）翻驳造型

翻驳造型有平驳型、戗驳型和连驳（或称青果）型。图1-21为平驳领、戗驳领和连驳领款式图。

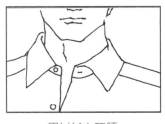
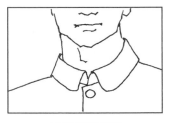

男衬衫立翻领   中山装立翻领

图1-19 立翻领

西装翻折领

图1-20 翻折领

平驳领   戗驳领   连驳领(青果领)

图1-21 翻驳造型

（三）袖子造型

袖子造型有连袖、圆袖、插肩袖和落肩袖造型。

1. 连袖

连袖是与衣身连在一起的袖子。图1-22为中式服装中的连袖。

2. 圆袖

圆袖亦称圆装袖。它有一片袖、两片袖和三片袖之分。图1-23为一片衬衫袖和两片西装袖。

3. 插肩袖

插肩袖是将部分衣身分割到袖山上。图1-24为插肩袖型夹克。

4. 落肩袖

落肩袖是将部分袖山分割到衣身上，使肩斜线下落。图1-25为落肩袖夹克。

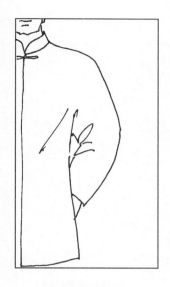

图1-22 连袖

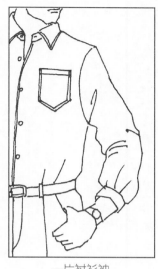

一片衬衫袖

两片西装袖

图1-23 圆袖

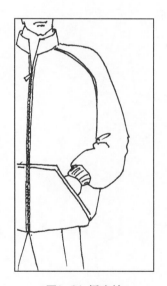

图1-24 插肩袖

图1-25 落肩袖

西装胸袋

衬衫胸袋

图1-26 胸袋

中山装胸袋

（四）口袋造型

　　口袋有装饰性和功能性作用，其造型也是多种多样，有胸袋、大袋和裤子袋。

　　1. 胸袋

　　胸袋如图1-26所示，有西装、衬衫、中山装胸袋等。

2．大袋

大袋如图1-27所示，有双嵌线袋、有袋盖袋、插袋、中山装大袋、贴袋等。

3．裤子口袋

裤子口袋有一字袋、斜插袋、月亮形袋和后贴袋等。图1-28所示为三种裤子口袋。

（五）衩造型

开在后背中缝上的衩称背衩，开在侧缝上的衩称摆缝衩，开在袖口上的衩称袖衩。风衣和大衣只能在后背中缝上开衩。西装的衩可以开在后背中缝和侧缝上。图1-29所示为西装的背衩和摆缝衩。

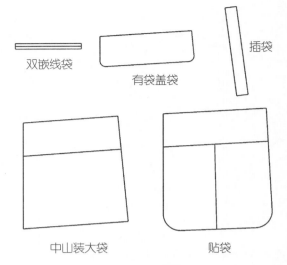

双嵌线袋　　有袋盖袋　　插袋

中山装大袋　　　贴袋

图1-27　大袋

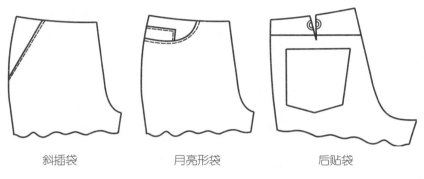

斜插袋　　　　月亮形袋　　　　后贴袋

图1-28　裤子口袋

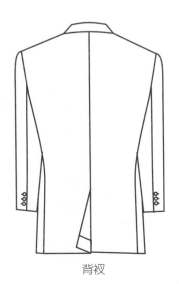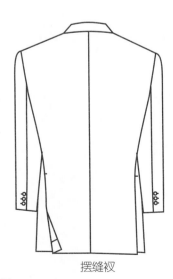

背衩　　　　　　　摆缝衩

图1-29　衩

第二章　男子体型特征与测量

第一节　男子体型特征

男子体型相对于女子体型的差别主要表现在躯干部位。男体和女体在正面形态、侧面形态、主要部位和水平断面形态等方面都存在明显的差异。男子体型是由男子骨骼、肌肉、皮肤和皮下脂肪决定的。男人体骨骼与肌肉分布概况见图2-1。

一、男子体型主要特征

（1）男子胸部形态较为扁圆，与女子胸部形态有很大差别。

（2）男子的斜方肌、三角肌等肩部肌肉比较发达，呈现出肩部比胸部宽，同时其臀部肌肉也相对发达，因此从肩部至腰部呈上大下小的倒梯形，从腰部至臀部呈上小下大的梯形。以A体为例，男子胸腰差、臀腰差分别为12～16cm和2～4cm，比女性A体的小。

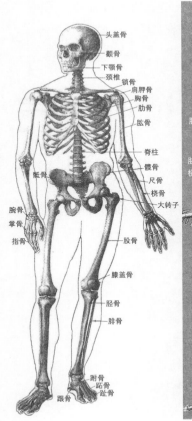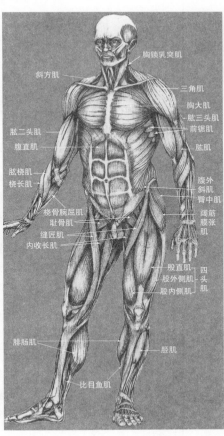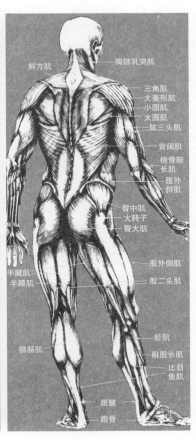

图2-1　男人体骨骼与肌肉分布概况

(3)男子的胸锁乳突肌、斜方肌发达，颈部喉结明显突出。因此男子的领围较大一些。在许多国家中将1/4的前胸宽作为前横开领，这也反映出男子颈部较粗的体形特征。

(4)男性手臂上的三角肌发达，故男袖的袖山呈浑圆状。

(5)男性手臂向前倾斜的程度比女性手臂前倾斜度大2°。因此男袖装袖点应离袖中心点向后偏1.8～2.0cm。

(6)男体的背部肌肉浑厚。根据实验得到的数据是：男子A体(身高170cm，净胸围88cm)的后腰节长比前腰节长多0.8～1.5cm。中老年男子(身高170cm，净胸围96cm)的后腰节长比前腰节长多1.7cm左右。

(7)男子下体侧面部位处的倾斜角比女性小，后臀沟的垂直倾斜角较小。

二、外形分析

1. 肩部位

从左肩端点至右肩端点之间的宽度称为肩宽。男子的肩宽可分成正常型、宽肩型和窄肩型。按男子肩部的斜度可分为正常型(22°～23°)、高肩(也称拱肩，小于21°)、低肩(也称溜肩，大于24°)和高低肩(即一肩高一肩低)。

2. 胸背部位

从侧面观察，男子人体可分为正常体型、驼背体型和后倾(挺胸)体型。这些都是由于男子个体脊柱弯曲度而不同造成的。

3. 腰腹部位

根据《中华人民共和国国家标准》(男子服装号型)(GB/T1335.1—1997)中规定的胸围和腰围的差数，可将男子体型分成四种。这四种体型是：瘦体(Y体)，胸腰差数17～22cm；标准体(A体)，胸腰差数12～16cm；壮体(B体)，胸腰差数7～11cm；胖体(C体)，胸腰差数2～6cm。

4. 下肢形态

下肢形态主要受下肢骨骼形状影响。下肢骨骼主要由股骨、胫骨、腓骨、髌骨、脚踝骨等组成。下肢的形状取决于股骨中心轴的状况，因此外胫(小腿)可能会呈现出正常形、X型、O形和外八字形等不同的形态。

第二节　男子体型测量

人体体表是复杂的多面体。为了能够测量到对男装结构设计有用的精确数据，因此要合理地设定测量基准点（见图2-2）和基准线，并且应掌握正确的测量方法。另外，对测量项目要仔细核准。

一、人体的基准点

(1)头顶点：头部保持水平时头部中央最高点，是测量身高的基准点。

(2)后颈点(BNP)：颈后第七颈椎骨突出点。

(3)侧颈点(SNP)：在颈侧根部，从人体侧面观察位于颈厚中点稍偏后的位置。

(4)前颈点(FNP)：前胸颈根部中心点。

(5)胸宽点(前腋点)：手臂自然下垂时手臂根部与前胸中部连接处。

(6)肩端点(SP)：肩关节骨上端点。

(7)胸点(BP)：乳高点。

(8)背宽点(后腋点)：手臂自然下垂时手臂根部与后背中部连接处。

(9)腰点：在肚脐位正上方的躯干最细处。

(10)脐点：肚脐位。

(11)转子点：跨关节处。

(12)臀突点：臀部最突出点，与转子点处在同一水平线上。

(13)肘点：肘关节处。

(14)茎突点(手腕点)：腕关节处。

(15)膝盖骨中点：膝盖骨的中点，是测量膝长的基准点。

(16)外踝点：踝关节外侧处。

(17)会阴点：左右坐骨结节最下点的连线与正中矢状面的交点，是测量下肢长的基准点。

二、人体的基准线

(1)颈围线(NL)：颈中部的围长线，是确定领围尺寸的地方。

(2)颈根围线：在躯干与颈部的分界处，经过前颈点(FNP)、侧颈点(SNP)、后颈点(BNP)一周的圆顺曲线，是确定领窝线的地方。

(3)肩线：从侧颈点(SNP)至肩端点(SP)的连线。

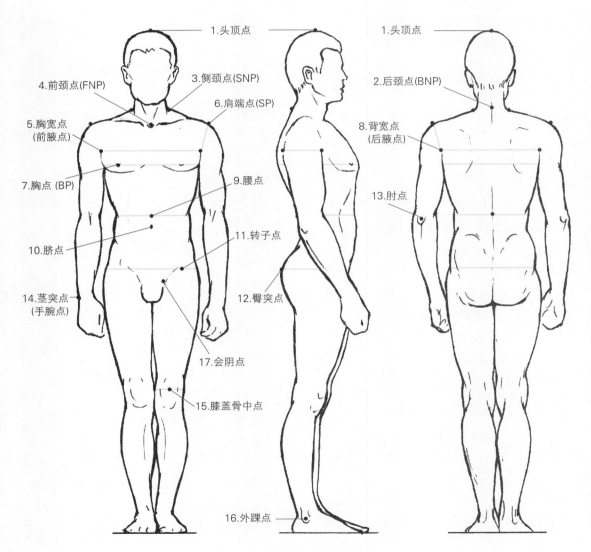

图2-2　男人体的基准点

(4)臂根围线：上肢与躯干的分界线，经过肩端点(SP)、胸宽点和背宽点。

(5)臂围线：上臂最粗部位的围长线。

(6)胸围线 (BL)：经过乳点的水平围线。

(7)腰围线(WL)：经过腰点的水平围线。

(8)臀围线 (HL)：经过转子点和臀部最突出点的水平围线。

(9)膝围线：经过膝盖骨中点的水平围线。

三、人体测量方法和测量要求

1. 测量方法

(1)直接测量法：采用测量工具直接对人体进行测量。

(2)间接测量法：有根据光投影原理对人体进行测量的二维投影法、莫尔等高线法，还有三维全息测体系统。

2. 测量要求

(1)测量姿势：采用立姿测量时要求被测量者处在自然放松状态。采用坐姿测量时要求坐椅高度适中，被测量者要自然挺胸，大腿弯曲近于直角。

(2)应正确使用测量工具在基准点和基准线上进行测量，这样才能取得准确的数据。

(3)测量时要有序进行。

四、测量项目

(1)身高：人体立姿时从头顶点至地面的距离。

(2)背长：从后颈点(BNP)至腰围线(WL)的距离。

(3)上裆：人体立姿时从腰围线(WL)至股沟处的距离。人体坐姿时从腰围线(WL)至椅子面的距离。

(4)上体长：人体坐姿时从后颈点(BNP)至椅子面的距离。人体立姿时，从后颈点(BNP)至股沟的距离。

(5)下肢长：人体立姿时从股沟会阴点至地面的距离。

(6)小肩：从侧颈点(SNP)至肩端点(SP)的距离。

(7)臂长：从肩端点(SP)至茎突点的距离。

(8)后腰节长(后高点长)：从侧颈点(SNP)经过肩胛骨至腰围线(WL)的距离。

(9)后肩点斜长：从肩端点(SP)至后腰中点的距离。

(10)肩宽：从左肩端点(SP)至右肩端点(SP)的距离。

(11)背宽：从左背宽点至右背宽点的距离。

(12)前腰节长：从侧颈点(SNP)经过胸点量至腰围线(WL)的距离。

(13)前肩点斜长：从肩端点(SP)至前腰中点的距离。

(14)前胸宽：从左前胸宽点至右胸宽点的距离。

(15)胸点宽：两乳点(BP)的间距。

(16)颈围：颈部中间段的围长。

(17)上胸围大：在胸点(BP)上2～3cm的水平围长。

(18)胸围：经过胸高点(BP)的水平周长。

(19)腰围：经过腰点的水平围长。

(20)臀围：过转子点的臀部最丰满处的水平围长。

(21)裆围长：从后腰中点经过股沟、下裆会阴至前腰中点的长度。

第三章　男装规格设计

第一节　男子服装号型标准

一、服装号型

服装号型是国家制定的人体各部位数据尺寸标准。在GB/T13351—1997标准中将人体身高定为服装的"号",将人体胸围、腰围及人体体型分类代号定为服装的"型"。

服装长度可根据人体的身高进行推算。服装的围度、前胸宽、后背宽及总肩宽等部位的尺寸可根据胸围和腰围量进行设计。因此服装号型在服装规格设计中起着十分重要的作用。

二、体型组别

在我国服装号型中将人体划分为四种体型,也就是瘦体型(Y)、标准体(A)、壮体型(B)和胖体型(C)。男子的四种体型是用净体胸围减去净体腰围的大小来确定的,如表3-1所示。

表3-1 我国男子四种体型分类　（单位：cm）

体型分类代号	胸围与腰围差
Y	17~22
A	12~16
B	7~11
C	2~6

在国家服装型号标准中分别标明了成年男子四种体型在全国总量中所占的比例和在各地区所占的比例,见表3-2、表3-3。

表3-2 全国成年男子不同体型在总量中比例（%）

体型	Y	A	B	C
占总量比例	20.98	39.21	28.65	7.92

表3-3　全国各地区男子不同体型所占比例（%）

地区 ＼ 体型	Y	A	B	C	其他种类体型
华北、东北	25.45	37.85	24.98	6.68	5.04
中西部	19.66	37.24	29.97	9.50	3.63
长江中游	24.89	36.07	27.34	9.34	2.36
长江下游	22.89	37.17	27.14	8.17	4.63
两广、福建	12.34	37.27	37.04	11.56	1.79
云、贵、川	17.08	41.58	32.22	7.49	1.63
全 国	20.98	39.21	28.65	7.92	3.24

三、男子中间体

男子中间体数据是在大量测体基础上通过计算得出的平均值。男子中间体的身高、胸围和腰围等部位的数值反映了目前阶段我国男子体型的特征和水平。在进行服装规格设计时应以中间体的数据为基准，按各部位的档差值，向左向右和向上向下推档，获得规格系列。但国家设置的中间体是针对全国范围的情况，而各地区的人体情况有所差别，因此应以国家服装号型为原则，同时结合本地区的实际情况来制定本地区的服装规格系列。男子中间体的数据参见表3-4。

表3-4　男子中间体的设置　（单位：cm）

部位 \ 体型	Y	A	B	C
身高	170	170	170	170
胸围	88	88~92	92~96	>96

四、男子服装号型表示与系列

号与型之间用斜线分开或用横短线连接，后面接男子体型的分类代号。例如：170/88A、170/88B，其中170表示人体身高为170cm，88表示人体净胸围为88cm，A或B表示体型代号。

所谓"号型系列"，就是将人体的号与型按照档差顺序作有规则的增减排列。在国家服装号型标准中将成人上装采用5.4系列，即身高以5cm分档，胸围以4cm分档。成人下装采用5.4系列或5.2系列，即身高以5cm分档，腰围以4cm或2cm分档。

五、男子服装号型配置

为了满足服装企业生产和服装销售市场

需要，应根据实际情况进行号型配制。一般有以下三种配制方式：

(1)一号多型配制：如170/88、170/92、170/96。

(2)一型多号配制：如165/88、170/88、175/88。

(3)一号一型配制：如170/88、175/92、180/96。

作为服装企业来讲，应根据不同地区的人体体型特点和穿着习惯，在服装号型标准中选择适当的号型进行搭配。这样既能满足大部分消费者的需要，又可以避免因生产过剩造成产品积压。另外，对于一些号型比例覆盖率比较少以及一些特殊体型的服装号型也应该组织少量生产，这样能满足不同消费者的穿着需要。

第二节　男子服装规格系列设计

一、规格设计原则

在进行服装规格设计时应遵循以下几点原则：

(1)国家服装号型标准中已确定的男子中间体数据不能随意更改。

(2)在服装号型标准中已规定男子号型系列为5.4系列和5.2系列两种，不能自行另定别的系列。同时服装各部位的分档数值也不能随意变更。

(3)在服装规格设计中一些控制部位不能随意变动，但由于规格设计方法具有多样性，因此控制部位可以有所调整。

(4)由于服装款式不同，采用的面料也不同，因此各部的放松量应该有些变化。

二、男子中间体服装规格设计

男子中间体服装规格设计主要是根据款式效果图中人体各部位与服装间的比例关系来设计服装规格尺寸。具体设计方法可根据参照物的不同而不同。一般有以下几种方法：

(一)按头长与身长的比例来设计

根据国家男子服装号型标准，男子中间体身高为170cm，将男子中间体的比例分成7.3个头长，则男子中间体头长＝23.3cm。用头长的尺寸对款式图中服装各部位进行估算，可以得出各部位大体的规格数据。

(二)按与人体腰围线(WL)的相互关系来设计

在服装款式效果图中将腰围线(WL)的位置标出，并估量出它在服装中的比例，然后将服装的其他部位与腰围线进行对照设计出其他部位的规格尺寸。

(三)按与人体身高(h)和净胸围(B*)的相互关系来设计

在实际生产中常用人体身高(h)数据来设计各细部位的长度，用净胸围(B*)数据来设计各细部位围度及宽度。各细部位规格设计公式：

1. 男上装

1)衣长(L)

L＝0.3h+4cm(西装马甲类)

L＝0.4h+(3～4)cm(衬衫类)

L＝0.4h+(6～8)cm(西装类)

L＝0.4h+(0～2)cm(夹克类)

L＝0.6h+(15～20)cm(风衣、长大衣类)

2)腰节长(WL)

WL＝0.25h+(0～2)cm(调节量)

3)袖长(SL)

SL＝0.3h+(8～9)cm+垫肩(1.2cm)(西装类)

SL＝0.3h+(9～10)cm(衬衫类)

SL＝0.3h+(10～12)cm+垫肩(1.2cm)(风衣、大衣类)

4)胸围(B)

B＝B*+内衣厚度+(0～12)cm(贴体型风格)

B＝B*+内衣厚度+(12～18)cm(较贴体型风格)

B＝B*+内衣厚度+(18～25)cm(较宽松型风格)

B＝B*+内衣厚度+>25cm(宽松型风格)

5)胸围腰围差

B－W＝0～6cm(宽腰型)

B－W＝6～12cm(较卡腰型)

6)臀围(H)

H＝B－(≥4)cm(T型风格)

H＝B－(2～4)cm(H型风格)

H＝B+(>2)cm(A型风格)

7)颈围(N)

N＝0.25(N*+内衣厚度)+(15～20)cm

8)肩宽(S)

S＝0.3B+(11～12)cm(贴体型风格)

S＝0.3B+(12～13)cm(较贴体、较宽松型风格)

S＝0.3B+(13～14)cm(宽松型风格)

9)袖口(CW)

CW＝0.1(B*+内衣厚度)+2cm(衬衫类)

CW＝0.1(B*+内衣厚度)+(5～6)cm(西装类)

CW＝0.1(B*+内衣厚度)+(≥8)cm(风衣、大衣类)

10)肩斜度

男子人体肩斜度平均值为22°，不加垫肩的原型肩斜度为20°(前18°，后22°)。

西装类肩斜度为40°(前18°，后22°)。

衬衫类肩斜度38°(前21°，后17°)。

夹克类肩斜度为36°(前16°，后20°)。

2. 男裤

1)裤长(TL)

TL = 0.3h − a(短裤)(a为常数，根据款式而定)

TL = 0.3h+a 或 0.6h − b(a、b为常数，视款式定)

TL = 0.6h+(0～2)cm(长裤)

2)上裆(BR)

BR = 0.1TL+0.1H+(8～10)cm 或 0.25H+4cm(腰宽)

3)腰围(W)

W = W*+(0～4)cm

4)臀围(H)

H = H*+(0～6)cm(贴体型)

H = H*+(6～12)cm(较贴体型)

H = H*+(12～18)cm(较宽松型)

H = H*+(> 18)cm(宽松型)

5)脚口(SB)

SB = 0.2H±b(b为常数，视款式确定)

第四章　衣身结构设计原理

衣身结构是服装结构设计中的主体部分。男装衣身结构设计与女装衣身结构设计基本上相同，包括衣身廓体和衣身比例、服装原型、省、褶裥、抽褶及分割线变化和应用等方面的内容。这些内容都是男装结构设计中最重要的部分。

第一节　衣身廓体与衣身比例

一、衣身廓体

衣身廓体指衣身在经过结构处理后形成的外部形态。男装款式的衣身廓体有贴身型、较贴身型、较宽身型和宽身型四种，但大多数以较宽身型和宽身型为主。燕尾服、晨礼服、贴体型西装和马甲等属于放松量少的贴身型服装。男衬衫、夹克、一般性西装等属于较宽身型服装。大衣和风衣等属于宽身型服装。而卡腰型和极卡腰型的男装比较少。在男子服装的衣身廓体中也存在A型、H型、T型、X型和O型等款型。

二、衣身比例

衣身比例指把衣身结构分成几部分，以构成不同风格的男装款式。男装衣身有三分比例、四分比例和六分比例等。

(1)三分比例指左右两片前衣片和一片后衣片，如男衬衫、后衣身不分割的夹克、中山装和中式上衣等属于三分比例。

(2)四分比例指左、右两片前衣片和两片后衣片，如大衣和风衣属于四分比例。

(3)六分比例指将左、右、前、后衣片各分成三分而组成六分比例，如燕尾服、晨礼服和西装等属于六分比例。

第二节　男装衣身原型种类、制图与应用

一、男装衣身原型种类

服装原型是服装结构设计中一项重要内容。尽管目前国内外的服装原型种类很多，但总体可分为有放松量和无放松量两种类型的服装原型。有放松量服装原型就是胸围量在净体的基础上加放一定的松量。在本书中着重介绍有放松量服装原型的建立及其应用方法。

二、男装衣身原型制图

1. 有放松量衣身原型规格

有放松量衣身原型是以国家服装号型男子中间体为基准制图。男子中间体身高170cm、胸围88cm，胸围加放量16cm，详细规格见表4-1。

表4-1　有放松量衣身原型规格　　(单位：cm)

号	型	胸围(B)	背长(BWL)
170	88	104	42.5

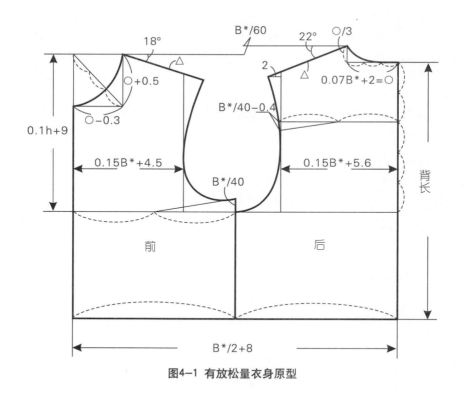

图4-1 有放松量衣身原型

2. 有放松量衣身原型平面制图

详见图4-1。

三、男装衣身原型应用

男装衣身原型应用指在结构制图时根据服装规格尺寸要求，以原型各部位的尺寸为基准进行制图。这种制图方法比较简便、快捷，而且用这种方法绘制服装结构图在国外服装行业中比较广泛。目前在我国服装行业中用公式代入法制图还比较普遍。因此，应大力推广原型制图方法。

第三节　衣身结构平衡

一、男装衣身结构平衡的方法

男装衣身结构平衡与女装衣身结构平衡相同，也有梯形平衡、箱形平衡、梯形—箱形平衡三种形式。但由于男体的胸部比较平、隆起幅度不大，因此男装前浮余量一般是通过撇胸、下放、缩缝、归拢等工艺方法来消除。

二、前、后浮余量的消除方法

(一)前浮余量的消除方法

1. 西装类外套前浮余量的消除方法

由于西装类外套属于贴体型或较贴体型服装，因此可将浮余量全部放在撇胸处，但

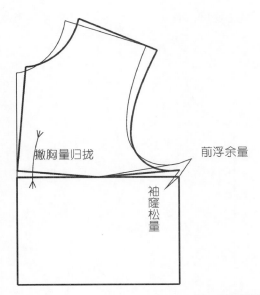 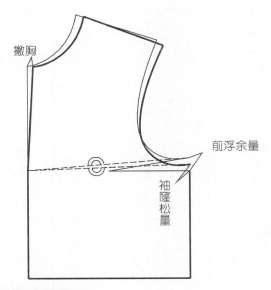

图4-2 西装类外套前浮余量消除

应作工艺归拢处理。也可以将大部分浮余量
放在撇胸处，余下的放在袖窿处理。图4-2详
细分析了西装类外套前浮余量消除的方法。

2. 衬衫类前浮余量的消除方法

由于衬衫类属于较宽松型服装，因此可
将大部分浮余量下放即放在腰节线(WL)以

下，少部分放在袖窿处。图4-3对衬衫类前
浮余量消除的方法作详细的分析。

3. 夹克、中山装类前浮余量的消除方法

由于夹克、中山装属于较宽松至宽松型服
装，因此可将部分浮余量下放在腰节线(WL)
以下，部分放在撇胸处。图4-4对较宽松型
中山装前浮余量消除方法进行详细地分析。

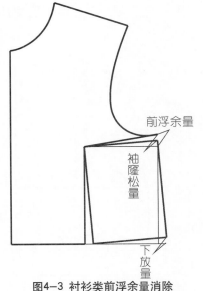

图4-3 衬衫类前浮余量消除

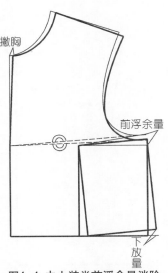

图4-4 中山装类前浮余量消除

4. 风衣、大衣类前浮余量的消除方法

由于风衣和大衣类属于宽松型服装，因此对浮余量可以不作消除处理，或采用下放方法处理。图4-5是大衣前浮余量消除方法分析实例。

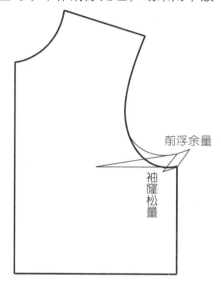

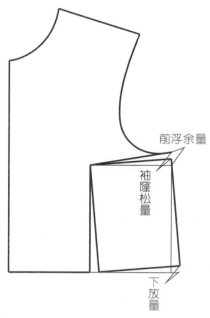

图4-5 大衣类前浮余量消除

(二)后衣身浮余量消除方法

1. 后肩背部有分割线浮余量的消除方法

后肩背部有分割线的服装，如衬衫、夹克等，可通过分割线处消除浮余量。图4-6是衬衫后肩部浮余量消除方法。

2. 后肩背部无分割线浮余量的消除方法

后肩背部无分割线的服装，可将后浮余量全部或部分放后袖窿、后肩缝和后中线处，通过采用牵带、缩缝及归拔等工艺手段进行消除处理。图4-7是西装后肩部浮余量消除方法。

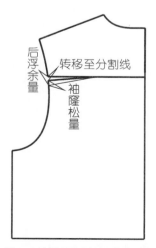

图4-6 衬衫后肩部浮余量消除

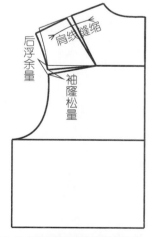

图4-7 西装后肩部浮余量消除

第五章 衣领结构设计原理

衣领结构是服装结构设计中非常重要的组成部分。男装的衣领结构大部分包括领窝和领身两部分，只有少数男装是无领身结构，仅以领窝部位为全部结构。

第一节 衣领结构分类和领窝结构

一、衣领结构分类

衣领结构可分为三大类，即无领结构、立领结构和翻折领结构。

1. 无领结构

无领也称领口领，即没有领身部分而只有领窝部分，并以领窝线的形状作为衣领的造型。例如无领西装、西装马甲和无领中装都属于这类款式服装。

2. 立领结构

男装有单立领和立翻领两种。单立领就是立在领窝上的领身部分。

3. 翻折领结构

翻折领的领身分领座和翻领两部分，并连为一体，领座下口线的形状根据前领窝线的形状，可分成直线形下领口线和弧线形下领口线。

二、领窝结构

领窝结构是设计在前、后衣身上的装领线，亦称领口线。它从后颈点(BNP)～颈侧点(SNP)～前颈点(FNP)的连线形成领窝线。它是衣领设计的基础。领窝结构分基础领窝和应用领窝。基础领窝是设计在原型上的基础型，而应用领窝是在基础领窝上进行变化而形成的。

1. 基础领窝

基础领窝是设计在服装原型上的领窝。基础领窝的规格尺寸应按国家服装号型中男子标准体(A型)尺寸来设计，见表5-1。在表5-1中的颈围数据是实际测量得到的数据。但颈围的数据也可用规格设计的方法计算出后再设计基础领窝。颈围计算的方法见表5-2。

表5-1 国家服装号型标准规格尺寸 (单位：cm)

身高(h)	胸围(B*)	颈围(N)
170	88	37

表5-2 领围规格设计 (单位：cm)

胸围(B)	领围计算公式	领围(N)
88	0.25(B*+内衣厚)+15~20	37~42

2. 领窝制图原理

为了能消除服装在前颈点、前中线处的不平服的余量，因此将后领窝宽(亦称后横开领)加大，使后领窝宽比前领窝宽大0.3～1cm。当肩缝缝合后前领窝宽被拉向后领窝宽，这样就达到消除前中心处不平服的目的。后领窝宽和前领窝宽的常用公式为：

后领窝宽 = 0.07B* + 2cm；

前领窝宽 = 0.07B* + 1.7cm。

将男子标准体(型)的净胸围(88cm)代入常用公式即可作出原型中基础领窝图。此外也可将服装原型上的前后领线作为基础领窝。图5−1中是有放松量服装原型的基础领窝。

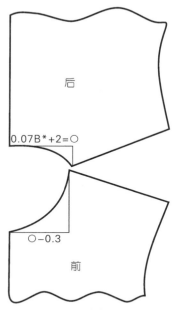

$$0.07B^*+2=○$$

$$○−0.3$$

后

前

图5−1 有放松量服装原型的基础领窝

3. 应用领窝

应用领窝是在基础领窝的基础上根据具体款式规格要求来进行结构变化。应用领窝有两种制图方法：①在服装原型基础领窝上往外加放档差数量得到应用领窝，这种方法也称为间接作图法；②用领围数量代入公式作图，这种方法也称为直接作图法。

第二节　衣领结构原理分析

一、无领结构

无领亦称领口领，就是没有领身部位，只有领窝部位的衣领。男装无领结构的款式有无领西装、西装马甲和无领中装。这些无领结构均可用基础领窝来间接作图或用数字代入公式直接作图。

二、立领结构

立领是衣领中的重要种类。立领的起翘程度关系到领子贴近颈部的程度。领子起翘度越大就越贴近颈部，起翘度越小越远离颈部。立领的上领口若大于下领口也就能成翻领。在男装立领中有单立领和翻立领两种。

1. 单立领种类

单立领是只有立在领窝上的领座部分，而无翻领的部分。中式对襟衬衫、中式外套、棉袄和夹克的衣领常用单立领。依据后领侧的水平倾斜角(简称领侧角)$α_b$、前领垂直倾斜角(简称领前角)$α_f$，可分为三种情况：

(1) $α_f$、$α_b < 90°$，外倾型单立领；

(2) $α_f$、$α_b = 90°$，垂直型单立领；

(3) $α_f$、$α_b > 90°$，内倾型单立领。

2. 立领结构模型

图5−2中所示，l_1为领上口线(即领围N)，l_2为基础领窝线，l_3为领下口线即实际的领窝线。$α_1$为立领的前部位与前中心线FNL的交角，$α_2$为立领的侧部与肩线相交的夹角，$α_3$为立领的后部与后中心线BNL的交角。AB为立领的前宽(设为n_f)，CD为立领的后、侧宽(设为n_b)。

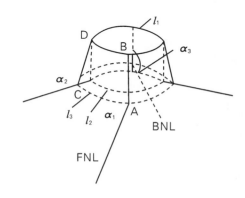

图5−2 立领结构模型

在实际结构设计中，由于立领后领部位需要合体，因此后领基本上变动不大。它的立体形态与结构模型中的形态基本相同。但前领部的造型具多样化，其领窝线的式样要视款式而定。

3. 立领结构设计要素

1)领座侧倾斜角

领座侧倾斜角α_b的大小决定了立领领座的侧后立体形态。

领座侧倾斜角α_b分三种形态：

(1)$\alpha_b < 90°$，领座侧后部向外倾斜，领子与人颈部分离；

(2)$\alpha_b = 90°$，领座侧后部与水平线垂直，与人颈部稍分离；

(3)$\alpha_b > 90°$，领座侧后部倾向人的颈部。

第一种形态的立领常用于夏季和非常规的服装，第二种、第三种形态的立领常在正规服装和冬季服装中使用。

2)领座前部造型

领座前部造型一般以领座实际领窝线来表示。前领实际领窝线种类有：

(1)前领实际领窝线位于基础领窝线，此时$\alpha_1 \leqslant 90°$；

(2)前领实际领窝线低于基础领窝线，此时$\alpha_1 > 90°$；

3)前领窝线的形状

前领窝线既是结构线也是立领下口的造型线，因此在进行立领结构设计时要充分审视款式图中有关立领的造型设计。

4. 单立领结构制图

1）分开作图法

立领结构图的分开制图法是建立在立领仿射变换和直射对应原理之上的，制图方法见图5-3。

(1)设领围大为N，l_{2f}为领窝线。领座前宽为n_f，后、侧宽为n_b(见图5-3(a))。

(2)在FNL处作直线A′A″，与FNL成α_1角，A′A″ = n_f，在前、后肩线处分别作直线B′B″，与肩线成α_b角，B′B″ = n_b(见图5-3(a))。

(3)按图5-3(b)作矩形GHJI，GH = nb，HJ = GI = N/2。

(4)按图5-3(b)将GI分成三等分，测量出后领窝l_{3b}的长度和后领上口l_{2b}的长度，KK′ = l_{3b} - l_{2b}。测量出前领窝l_{3f}的长度和前领上口l_{2f}的长度，将l_{3f} - l_{2f}的差分成二等分，分别加在M处和I处，使MM′ = $1/2(l_{3f} - l_{2f})$，II′ = $1/2(l_{3f} - l_{2f})$。

(5)在图5-3(c)中将JI改为JI′ = n_f，因

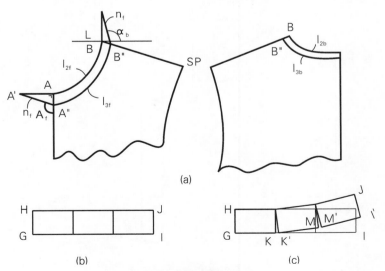

(a)

(b)　　　(c)

图5-3 立领分开制图法

制作工艺要求立领下口线实际长度应比领窝线长0.3～0.5cm，这样GI′就比领窝线长0.3～0.5cm。

2）直接制图法

直接制图法是在衣身上直接作出单立领的结构图。立领制图实例分析见图5-4。

(1)规格设计

$B = B* + 20cm = 108cm$；

$N = N* + 5 = 42cm$；

$n_b = 3.5cm$。

(2)制图要领和步骤

a.先在服装原型上开大横开领a，画出后衣片和前衣片的实际领窝线。

b.根据单立领款式造型在前领窝线上找切点O，并作切线。O点越高，领前部越贴近颈部，反之，越离开颈部。

c.从切线上取前领弧长得领SNP点，从领SNP点作后领下口线，对应图中A、B、C三种情况，其中A领贴近颈部，B较贴，C离开颈部。

d.领下口线的长＝实际领窝+0.3cm。

e.在领后中点处作垂线，取3.5cm为后领座宽。

f.连顺领上口线，使之等于N/2，画出前领造型。

5. 翻立领结构制图

底领为立领、上领为翻领的衣领称为翻立领。男衬衫、中山装、男风衣的衣领都属于翻立领。中山装衣领制图实例分析，见图5-5。

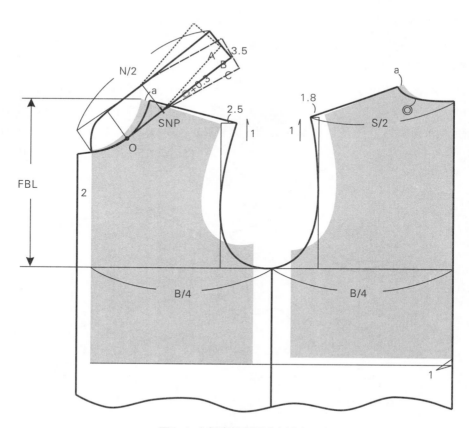

图5-4 立领直接制图实例分析

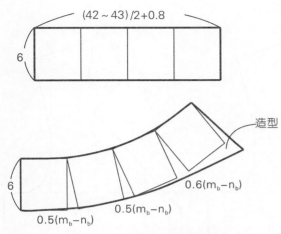

图5-5 中山装衣领制图实例分析

(1)规格设计

$N = N*+5 \sim 6 = 42 \sim 43cm$；$n_b = 3.5cm$；$m_b = 6cm$；$n_f = 3cm$；$m_f = 8.5cm$。

(2)作图要领和步骤

a.先以$N/2+(0.5 \sim 0.8)cm$为长、以6cm为宽作矩形。

b.将矩形分成四等份，在前三等份中分别加上$0.5(m_b - n_b)$、$0.5(m_b - n_b)$和$0.6(m_b - n_b)$。

c.最后画出翻领的结构线。

d.底领结构制图完全按图5-4的方法作出单立领。

三、翻折领结构

(一)翻折领的形状

1. 翻折线前端的形状

翻折领是翻领和领座连成一体的衣领。根据翻折领前端翻折线呈现的形状可将翻折领分成三种状态：

(1)翻折线前端为直线形；

(2)翻折线前端为圆弧形；

(3)部分直线形、部分圆弧形。

2. 翻折领领座的水平夹角及形状

(1)翻折领领座的水平夹角$\alpha_b < 90°$时，领座呈不贴近颈部形态。

(2)翻折领领座的水平夹角$\alpha_b = 90°$时，领座呈垂直颈部形态。

(3)翻折领领座的水平夹角$\alpha_b > 90°$时，领座呈贴近颈部形态。当夹角$\alpha_b > 95°$时，每大5°领窝应开大0.2cm。

此外，在领座加宽的情况下，为了使翻折领不压住颈部，也应适当开大领窝。

(二)翻折基点的设定

设SNP(颈侧点)处领座宽度为n_b，领高点为O；翻领宽度为m_b，翻领交于肩斜线点为P。

翻折基点是在肩斜线向领窝线方向的延长线上，$PP' = m_b$。

由于翻折领领座的水平夹角α_b不同，因此翻折基点都有所不同。在图5-6中，(a)图中的P'是翻折领领座水平夹角$\alpha_b < 90°$的翻折基点，(a)图中的P'是翻折领领座水平夹角$\alpha_b = 90°$的翻折基点，(a)图中的P'是翻折领领座水平夹角$\alpha_b > 90°$的翻折基点。

翻折基点的位置通过计算可得出：

(1)当$\alpha_b < 90°$时，翻折基点位于SNP点外$< 0.7n_b$处。

(2)当$\alpha_b = 90°$时，翻折基点位于SNP点外$= 0.7n_b$处。

(3)当$\alpha_b > 90°$时，翻折基点位于SNP点外$> 0.7n_b$处。

详见图5-6。

设翻折领领座$n_b = 3.5cm$，翻领$m_b = 6cm$，$n_f = 8cm$

图(a)中$\alpha_b = 85°$，图(b)中$\alpha_b = 90°$，图(c)中$\alpha_b = 95°$

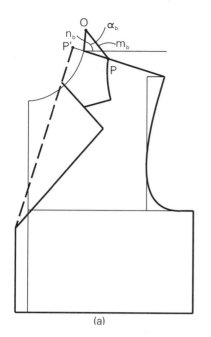 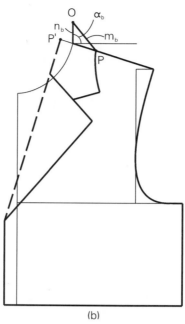 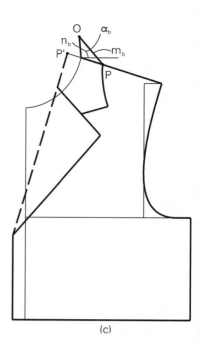

(a)　　　　　　　　　　(b)　　　　　　　　　　(c)

图5-6 翻折基点的设定

(三)翻领松量

翻领松量是影响翻折领结构设计的要素之一。翻领松量就是翻领外轮廓线长度"*"与翻领下口线(亦称领窝线)"◎"的差数。翻领松量变化是关系到翻领外轮廓线的长度变化。而引起翻领松量变化的主要原因是翻领宽度变化和材料厚度变化。

1. 翻领宽度变化对翻领松量的影响

翻领款式和宽度大小变化会引起翻领松量变化。一般来说翻领越宽，松量变化就越大。

2. 材料厚度对翻领松量的影响

材料的厚薄直接影响翻领松量的变化。材料越厚，翻领松量就越大。

材料的厚度与翻领外轮廓线(翻领松量)的关系公式：

翻领外轮廓线增量 = $a \times (m_b - n_b)$，其中a为材料厚度影响值。

薄料a = 0；较厚料a = 0.1；厚料a = 0.2；特厚料a = 0.3。

所以：翻领外轮廓线长 = * + $a \times (m_b - n_b)$。

(四)翻折领基本型结构制图

1. 翻折领基本型款式风格和规格设计

(1)款式风格：较贴体型衣身，平驳翻折领，翻折线前端为直线形。

(2)规格设计：

设N = 0.25(B*+内衣厚度)+18.5cm = 41cm；

n_b = 3.5cm；m_b = 4.5cm；α_b = 95°。

2. 结构制图

详细步骤见图5-7。

(1)开大原型的前后横开领a至SNP点(a的大小需根据领子的α_b、n_b以及款式造型确定)；

(2)从SNP点画与水平线夹度为α_b，长度为n_b的领座至O点；自O点画半径为m_b的弧线与前后肩线交于P点；

(3)从后中心向下取$m_b - n_b$至C点；弧线连接C、P画出后翻领外口弧线；

（4）在前肩线延长线上取点P′，使$P'P = OP = m_b$；

(5)根据领造型确定翻折基点B；

(6)根据前领及驳头造型画出领造型线；

(7)将领、驳头以翻折线BP′进行对称；

(8)过SNP点作BP′平行线和串口线延长线相交于D点，得前领窝；

(9)画出后领翻折线，画顺领外口线，完成领制图。

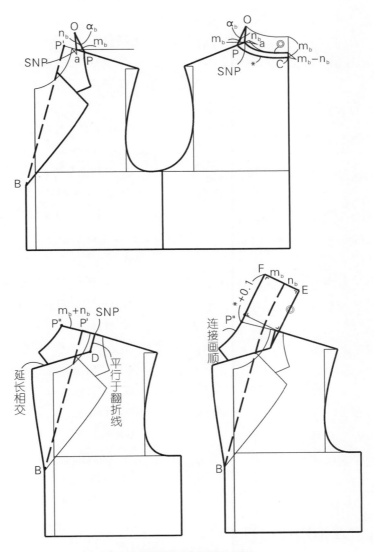

图5-7　翻折领基本型结构制图

第六章　衣袖结构设计原理

衣袖结构是服装结构设计中十分重要的组成部分。衣袖结构包括袖窿结构和袖身结构。

第一节　男装衣袖结构种类

用在男装上的衣袖结构主要有圆袖、连袖和插肩袖三大类。

1. 圆袖

圆袖的袖山呈圆弧形状，它是与袖窿缝合在一起的袖子。从长短来分，它有长袖和短袖；从片数来分，它有一片袖和两片袖；从袖身来分，它有直身袖、较弯身袖。

2. 连袖

袖子的袖山与衣身连为一体，便组成了连袖结构。连袖的变化主要体现在袖中线的倾斜角度。根据倾斜角的大小，连袖可分为宽松型、较宽松型和较贴体型。连袖基本上用于中式罩衣和戏剧服装中。

3. 插肩袖

插肩袖就是将衣身肩部的一部分分割并转移至袖山上，形成插肩袖、半插肩袖、盖肩袖等袖型。这些袖型在男装中大多用于夹克、风衣和大衣类。

第二节　男装衣袖结构设计要素

男装衣袖结构设计是男装结构设计中十分重要的组成部分。影响男装衣袖结构设计的因素有袖窿、袖山和袖身等方面。

一、袖窿设计

由于男子体型较之女子体型不同，因此男装袖窿造型也有其不同特征。这些不同特征主要体现在：一是男装前肩冲量要求比较大；二是后肩冲量要求相对比较小，三是男装袖窿形状应与衣身风格相匹配。

1. 贴体型风格袖窿

设B=(B*+内衣厚度)+10cm=88cm+2cm+10cm=100cm。

详细制图见图6-1。

2. 较贴体风格袖窿

设B=(B*+内衣厚度)+16cm=88cm+2cm+16cm=106cm。

详细制图见图6-2。

3. 较宽松型风格袖窿

设B=(B*+内衣厚度)+22cm=88cm+2cm+22cm=112cm。

详细制图见图6-3。

4. 宽松型风格袖窿

设B=(B*+内衣厚度)+26cm=88cm+2cm+26cm=116cm。

详细制图见图6-4。

5. 袖窿弧长为AH

AO′为前弧长=0.5AH−1cm。

O′H为后弧长=0.5AH+1cm。

二、袖山吃势

不同的面料导致袖山的吃势量也不同。前袖山吃势量占60%，后袖山吃势量占40%。

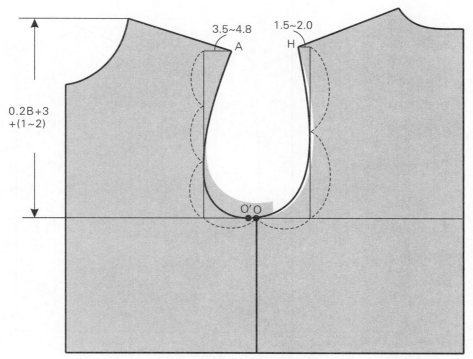

图6-1 贴体型风格袖窿制图

注：O′点为与袖底缝的对合点。

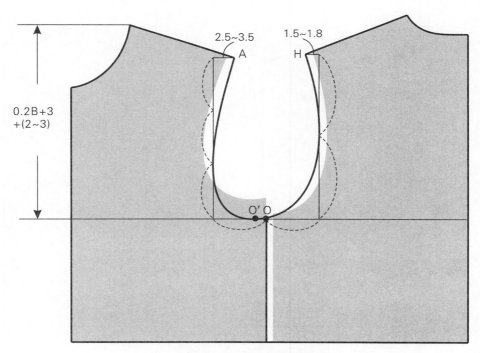

图6-2 较贴体风格袖窿制图

注：O′点为与袖底缝的对合点。

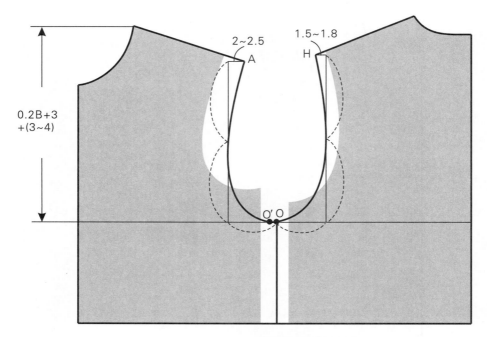

图6-3 较宽松型风格袖窿制图

注：O'点为与袖底缝的对合点。

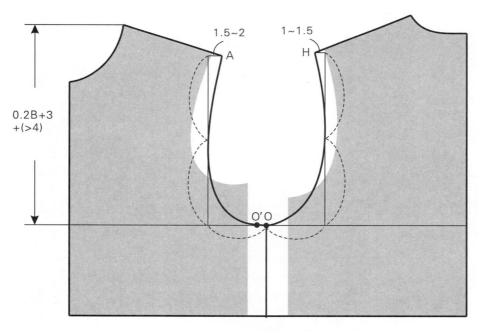

图6-4 宽松型风格袖窿制图

注：O'点为与袖底缝的对合点。

三、袖山和袖身设计

袖山关联到袖山高和袖山斜线。由于男子手臂较粗，因此在保证袖山高度适应袖窿风格的情况下，尽量使袖肥达到最大量。

袖身有直身袖和较弯身袖两种，可根据款式进行选择。

1. 贴体型风格袖山和袖身

贴体型风格二片圆袖的袖山高取0.85AHL，AHL为前、后肩点(SP点)连线的中点至袖窿深线之间的距离。后袖山斜线长=后AH+吃势−1.4cm，取前袖山斜线=前AH+吃势−1.7cm。袖身为较弯身袖。如男西装类袖子。

贴体型风格袖山和袖身制图详见图6−5。

设SL＝60cm；CW＝13.5cm。

2. 较贴体型风格袖山和袖身

较贴体型风格袖山和二片较弯身袖型，袖山高取0.8AHL，AHL是前、后肩点(SP点)连线的中点至袖窿深线之间距离。取后袖山斜线长=后AH+吃势−0.8cm，取前袖山斜线=前AH+吃势−1.1cm。如中山装类袖子。

较贴体型风格袖山和袖身制图详见图6−6。

设SL＝60cm；CW＝15cm。

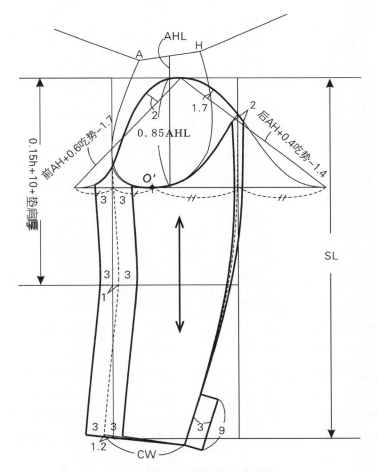

图6−5 贴体型风格袖山和袖身制图

注：O′点是与袖窿底的对合点。

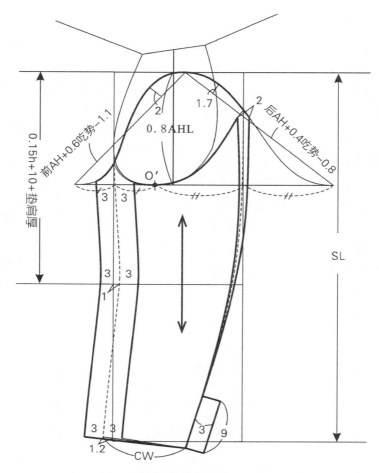

图6-6 较贴体型风格袖山和袖身制图

注：O′点为与袖窿底的对合点。

3. 较宽松型风格袖山和袖身

(1)较宽松型风格袖山和较宽松二片稍弯袖身圆袖，袖山高取0.8AHL，AHL是前、后肩点(SP点)连线的中点至袖窿深线之间的距离。取后袖山斜线长=后AH＋吃势－0.8cm，取前袖山斜线=前AH＋吃势－1.1cm。如大衣类袖子。

(2)较宽松型直袖身插肩袖，后袖中线的水平倾角一般为42.5°，前袖中线水平倾斜角为45°，袖山高取常数16cm。

4. 宽松型风格袖山和袖身

(1)宽松型风格袖山和二片袖直身袖，

袖山高取0.6AHL，AHL是前、后肩点(SP点)连线的中点至袖窿深线之间距离。取后袖山斜线长=后AH＋吃势－0.6cm，取前袖山斜线=前AH＋吃势－0.9cm。如宽松型风衣、大衣类。

(2)宽松型风格和一片直身袖，袖山高取0.5AHL，AHL是前、后肩点(SP点)连线的中点至袖窿深线之间距离。取后袖山斜线长=后AH＋吃势－0.6cm，取前袖山斜线=前AH＋吃势－0.9cm。如宽松型衬衫、夹克类。

第七章　男上装结构设计实例

第一节　男衬衫

一、较宽松型长袖衬衫

1. 款式风格

较宽松型衣身，翻立领，直身一片袖。款式图见图7-1。

2. 规格设计

设男子中间体身高h=170cm，净胸围

图7-1 较宽松型长袖衬衫款式

$B^*=88cm$。

$L = 0.4h + 7cm = 75cm$；

$WL = 0.25h = 42.5cm$；

$B = B^* + 22cm = 110cm$；

$FBL = 0.2B + 3cm + 3cm = 28cm$；

$S = 0.3B + 13.5cm = 46.5cm$；

$N = 0.25B^* + 20cm = 42cm$；

$SL = 0.3h + 9cm = 60cm$；

$CW = 0.1B^* + 1cm = 9.8cm$。

3. 衣身结构平衡

衣身采用"箱形—梯形"方法平衡。前衣身浮余量=2.2cm，采用下放1.2cm，其余的1cm宽松在袖窿处。后衣身浮余量=1.8cm，采取后覆势分割处消除0.8cm，其余1cm宽松在袖窿处。

4. 衣领结构

这款衬衫的领为翻立领，它的领座为立领，与翻领缝合成一体。

设$\alpha_b = 90°$，$n_b = 3.8cm$，$m_b = 5cm$作翻立领结构制图。

5. 衣袖结构

设袖山高为0.52AHL，后袖山斜线为后AH－0.4cm，前袖山斜线为前AH－0.3cm，按较宽松一片袖结构制图，袖长要减去克夫宽，袖口有2个褶裥，袖口开衩。

6. 较宽松型长袖衬衫结构制图

详见图7-2。

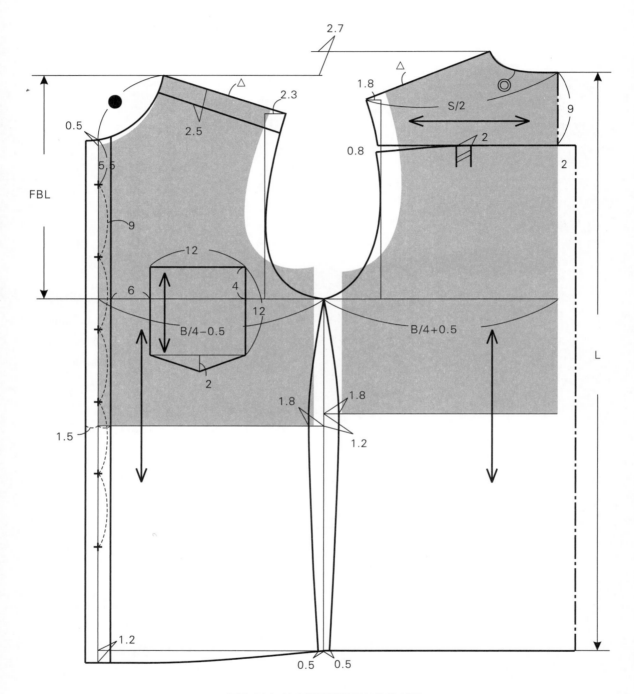

图7-2(a) 较宽松型长袖衬衫结构制图

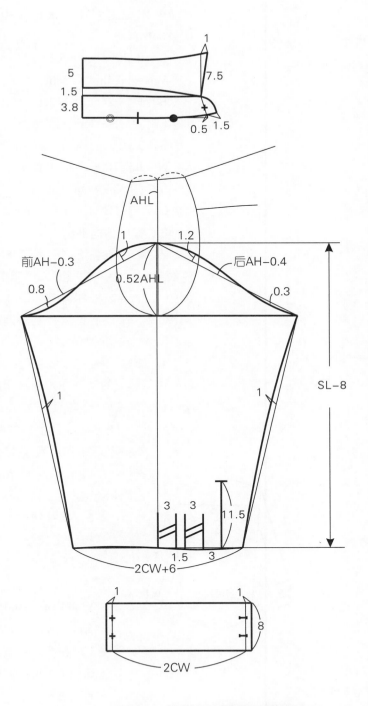

图7-2(b) 较宽松型长袖衬衫结构制图

二、圆摆长袖衬衫

1. 款式风格

较宽松型衣身，侧缝下摆处为圆角，翻立领，直身一片袖。款式图见图7-3。

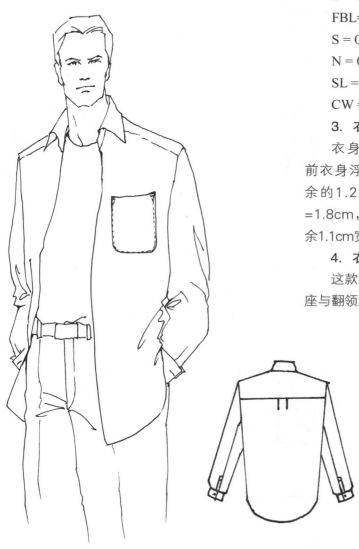

图7-3 圆摆长袖衬衫款式

2. 规格设计

设男子中间体身高h=170cm，净胸围B*=88cm。

L = 0.4h + 5cm = 76cm；

WL = 0.25h = 42.5cm；

B = B* + 24cm = 112cm；

FBL = 0.2B + 3cm + 3.5cm = 28.5cm；

S = 0.3B + 13.4cm = 47cm；

N = 0.25B* + 20cm = 42cm；

SL = 0.3h + 9cm = 60cm；

CW = 0.1B* + 1cm = 9.8cm。

3. 衣身结构平衡

衣身采用"箱形—梯形"方法平衡。前衣身浮余量=2.2cm，采用下放1cm，其余的1.2cm宽松在袖窿处。后衣身浮余量=1.8cm，采取后覆势分割处消除0.7cm，其余1.1cm宽松在袖窿处。

4. 衣领结构

这款衬衫的领型亦为翻立领，它是立领领座与翻领缝合成一体的翻立领。翻立领结构制图方法除了上述的制图方法外，还可采用平面直接作图法。

设 $\alpha_b=90°$，$n_b=3cm$，$m_b=4.5cm$ 作翻立领结构制图。

5. 衣袖结构

按较宽松一片袖结构制图，袖长要减去克夫宽，袖口有3个褶裥，袖口开衩。

设袖山高为0.45AHL，后袖山斜线为后AH−0.6cm，前袖山斜线为前AH−0.6cm。

6. 圆摆长袖衬衫结构制图

详见图7-4。

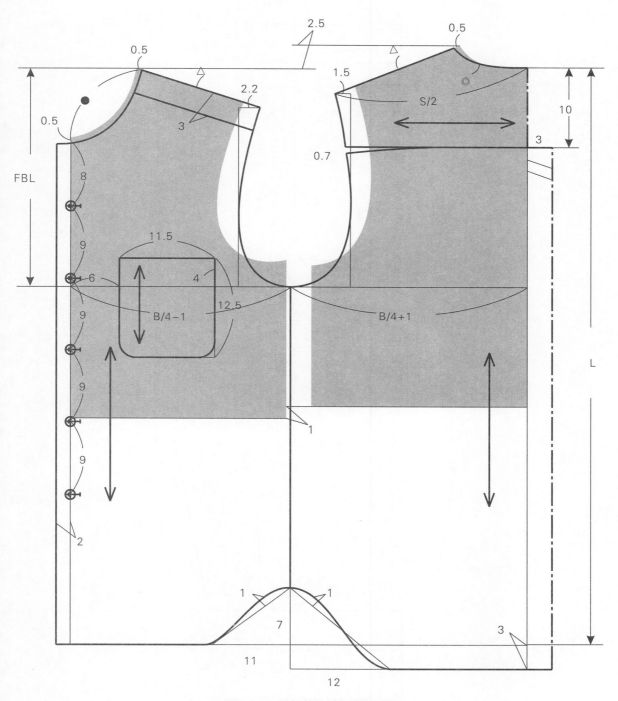

图7-4(a) 圆摆长袖衬衫结构制图

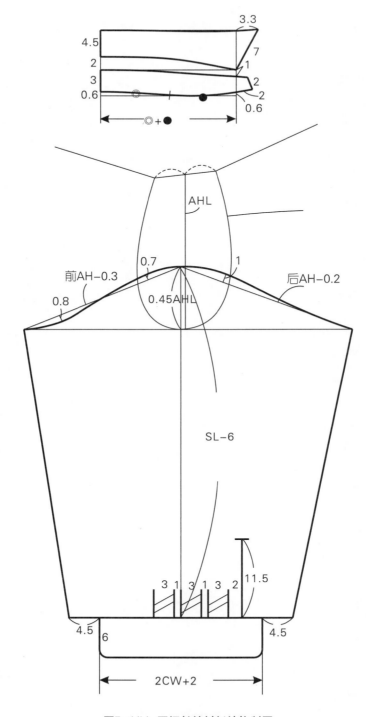

图7-4(b) 圆摆长袖衬衫结构制图

三、方领短袖衬衫

1. 款式风格

较宽松型衣身、翻折领、直身一片短袖，款式图见图7-5。

2. 规格设计

设男子中间体身高h=170cm，净胸围B*=88cm。

$L = 0.4h + 7cm = 75cm$；
$WL = 0.25h = 42.5cm$；
$B = B* + 22cm = 110cm$；
$FBL = 0.2B + 3cm + 3.5cm = 28.5cm$；
$S = 0.3B + 13.5cm = 46.5cm$；
$N = 0.25B* + 19cm = 41cm$；
$SL = 0.1h + 9cm = 26cm$；
$CW = 0.1B* + 7cm = 15.8cm$。

3. 衣身结构平衡

衣身采用"箱形—梯形"方法平衡。前衣身浮余量=2.2cm，采用下放1cm，其余的1.2cm宽松在袖窿处。后衣身浮余量=1.8cm，采取后覆势分割处消除0.8cm，其余1cm宽松在袖窿处。

4. 衣领结构

取α_b=95°，n_b=2.7cm，m_b=3.7cm作前领为方形的翻折领。

5. 衣袖结构

设袖山高为0.45AHL，后袖山斜线为后AH+吃势－0.6cm，前袖山斜线为前AH+吃势－0.6cm。

6. 方领短袖衬衫结构制图

详见图7-6。

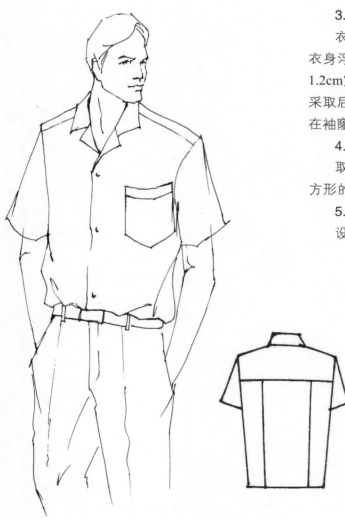

图7-5 方领短袖衬衫款式

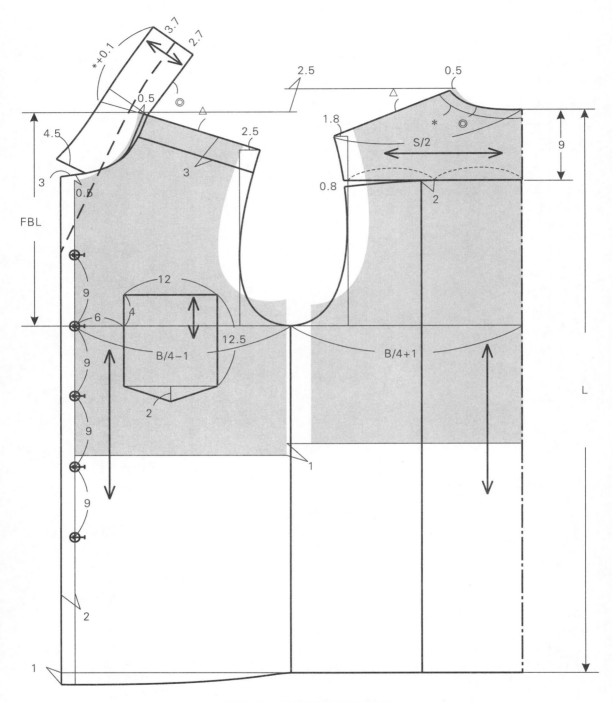

图7-6(a) 方领短袖衬衫结构制图

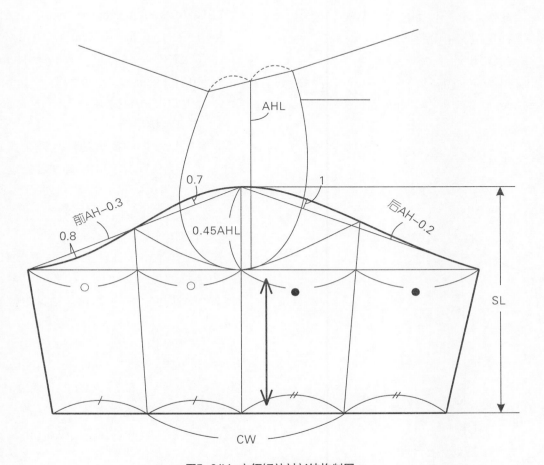

图7-6(b) 方领短袖衬衫结构制图

第二节　中山装

1．款式风格

较宽松型衣身，翻立领，较贴体型袖山和较弯袖身型。中山装款式图见图7-7。

2．规格设计

设男子中间体身高h＝170cm，净胸围B*＝88cm，内衣厚度＝4cm。

$L = 0.4h + 7cm = 75cm$；

$WL = 0.25h = 42.5cm$；

$B = (B* + 内衣厚度) + 18cm = 110cm$；

$FBL = 0.2B + 3cm + 2cm = 27cm$；

$S = 0.3B + 13.5cm = 46.5cm$；

$N = 0.25(B* + 内衣厚度) + 18cm = 41cm$；

$SL = 0.3h + 9cm + 1.2cm (垫肩) = 61cm$；

$CW = 0.1(B* + 内衣厚度) + 5.5cm = 14.5cm$。

3．衣身结构平衡

衣身采用箱形平衡方法消除浮余量。前衣身浮余量为0.7cm，用撇胸方法处理。后衣身浮余量为0.8cm，在肩缝处缝缩来消除。

4．衣袖结构

按较贴体袖山设计，袖山高取0.8AHL，后袖山斜线取后AH＋吃势－0.8cm，前袖山斜线取前AH＋吃势－1.1cm，袖身为较弯袖身型。

5．衣领结构

按$\alpha_b = 95°$，$n_b = 3.5cm$，$m_b = 4.5cm$作翻立领结构。因领口前为圆形，故翻领下侧应按0.5（$m_b - n_b$）、0.5（$m_b - n_b$）、0.6（$m_b - n_b$）放出松量，领上口应放出里外层松量0.5cm。

6．中山装结构制图

后片加入内衣厚度的影响值，详见图7-8。

图7-7　中山装款式

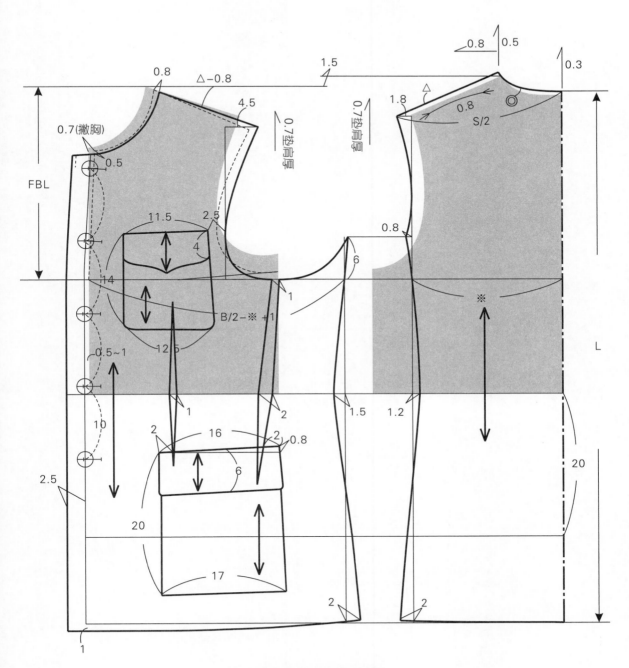

图7-8(a) 中山装结构制图

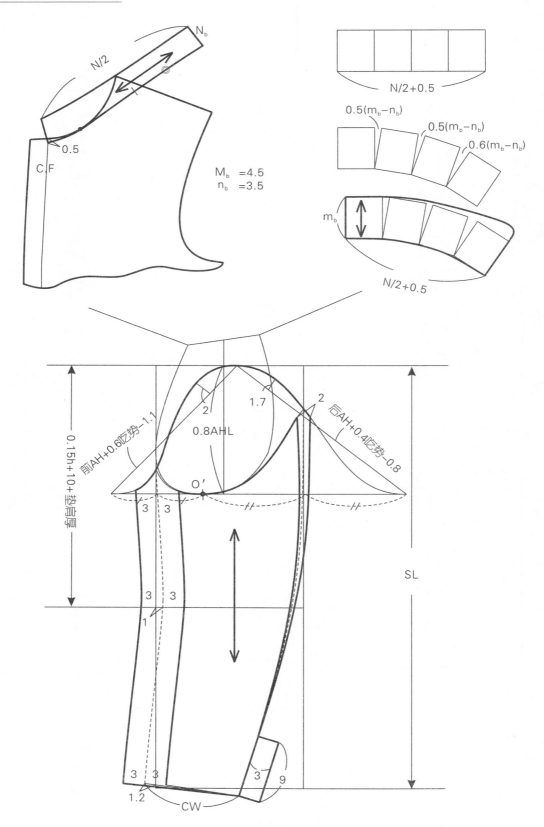

图7-8(b) 中山装结构制图

第三节　夹　克

一、宽肩型夹克

1．款式风格

宽松型衣身，翻折领，宽肩，直袖身一片袖，罗纹袖口。款式图见图7-9。

2．规格设计

设男子中间体身高h=170cm，净胸围B*=88cm，其中：内衣厚度=8cm。

$L = 0.4h+2cm = 0.4×170cm+2\ cm= 70cm$；

$WL = 0.25h = 42.5cm$；

$B = (B* +内衣厚度) +24cm = 88cm +8cm+24cm =120cm$；

$FBL=0.2B+3cm+2cm=29cm$；

$S = 0.3B+13cm = 49cm$；

$N = 0.25 (B*+内衣厚度) + 19cm = 43cm$；

$SL = 0.3h+9.8cm+1.2cm (垫肩) = 62cm$；

$CW = 0.1(B*+内衣厚度) +9cm = 18.6cm$。

3．衣身结构平衡

衣身采用"箱形—梯形"方法平衡。前衣身浮余量下放1cm，在前袖窿分割处消除0.5cm，多余的放在袖窿处作归拢处理。后衣身浮起余量0.5cm在袖窿分割处处理，后肩缝放出0.5cm内外层松量，其余的浮余量放在后袖窿作归拢处理。

4．衣领结构

取$\alpha_b=90°$，$n_b=3.5cm$，$m_b= 5.5cm$作前领为方形的翻折领。

5．衣袖结构

设袖山高为0.3AHL，后袖山斜线为后AH+吃势−0.6cm，前袖山斜线为前AH+吃势−0.6cm，作一片圆装直身袖制图。

6．宽肩型夹克结构制图

详见图7-10。

图7-9 宽肩型夹克款式

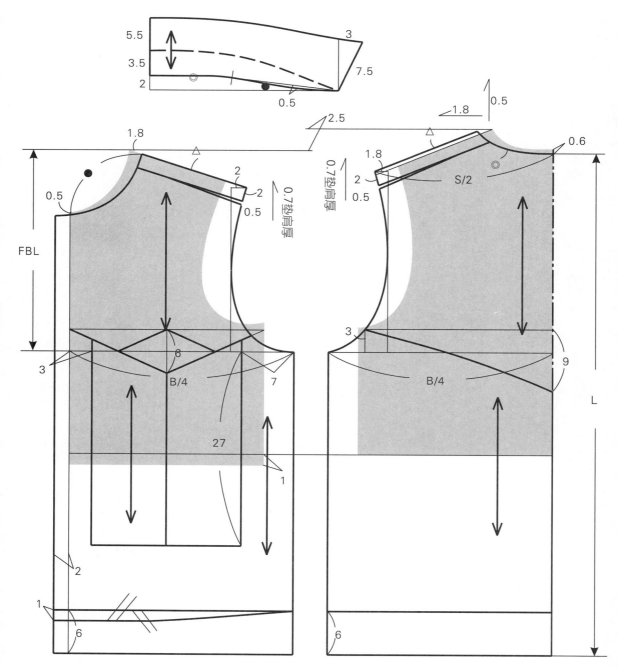

图7-10(a)　宽肩型夹克结构制图

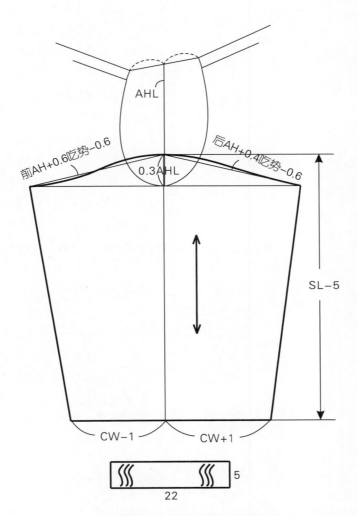

图7-10(b) 宽肩型夹克结构制图

二、抽腰夹克

1. 款式风格

宽松型衣身，腰部抽细褶呈X形，翻折领，直身一片袖。款式图见图7-11。

2. 规格设计

设男子中间体身高h=170cm，净胸围B*=88cm，内衣厚度=8cm。

L = 0.4h+10cm = 0.4×170cm+10cm=78cm；

$WL = 0.25h = 42.5cm$；

$B = (B*+内衣厚度) +20cm =116cm$；

$FBL= 0.2B+3cm+2cm = 28.2cm$；

$S = 0.3B+12.2 cm = 47cm$；

$N= 0.25 (B*+内衣厚度)+19cm = 43cm$；

$SL= 0.3h+9.8cm+1.2cm (垫肩) = 62cm$；

$CW= 0.1(B*+内衣厚度) +7cm =16cm$。

3. 衣身结构平衡

衣身采用"箱形—梯形"方法平衡。前衣身浮余量下放1cm，由于衣身宽松，因此将前衣身浮余量隐藏在袖窿处。后衣身的浮余量将在后肩缝放出0.5cm内外层松量外，其余的也隐藏在后袖窿处。

4. 衣领结构

取α_b=90°，n_b=3.5cm，m_b=6.5cm 作翻折领。

5. 衣袖结构

设袖山高为0.4AHL，后袖山斜线为后AH+吃势 − 0.6cm，前袖山斜线为前AH+吃势 − 0.6cm，作一片圆装直身袖制图。

6. 抽腰夹克结构制图

详见图7-12。

图7-11 抽腰夹克款式

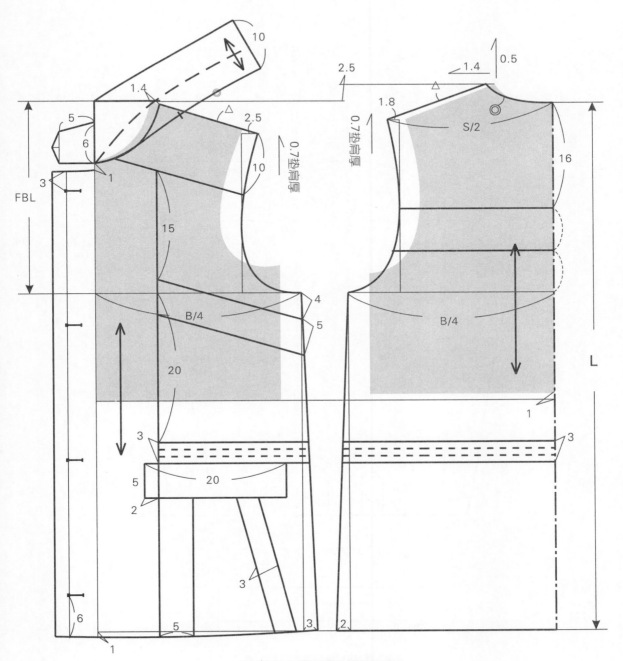

图7-12(a) 抽腰夹克结构制图

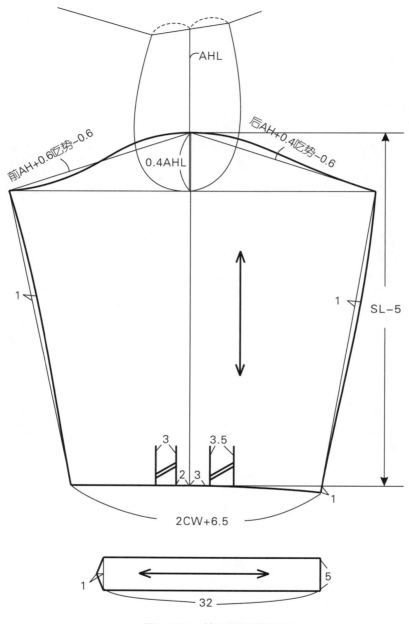

图7-12(b) 抽腰夹克结构制图

三、插肩袖夹克

1. 款式风格

宽松型衣身，翻折领，连肩袖(插肩袖)型，罗纹袖口。款式图见图7-13。

2. 规格设计

设男子中间体身高h=170cm，净胸围B*=88cm，内衣厚度=8cm。

$L = 0.4h+4cm = 0.4×170cm+4cm = 72cm$；

$WL = 0.25h = 42.5cm$；

$B =（B*+内衣厚度）+20cm = 88cm+8cm+20cm = 116cm$；

$FBL = 0.2B+3cm+2.8cm = 29cm$；

$S = 0.3B+13.2cm = 48cm$；

$N = 0.25（B*+内衣厚度）+19cm = 43cm$；

$SL = 0.3h+9.8cm+1.2cm（垫肩）= 62cm$；

$CW = 0.1（B*+内衣厚度）+7.5cm = 17cm$。

3. 衣身结构平衡

衣身采用箱形平衡，前浮余量在袖窿处归拢处理。后浮余量在肩部作缝缩外，剩余的在后袖窿作归拢加以消除。

4. 衣领结构

取$α_b = 90°$，$n_b = 3cm$，$m_b = 5cm$作翻折领。

5. 衣袖结构

设袖山高为0.5AHL，后袖山斜线为后AH+吃势－0.6cm，前袖山斜线为前AH+吃势－0.6cm，作一片圆装直身袖制图。

6. 插肩袖夹克结构制图

详见图7-14。

图7-13 插肩袖夹克

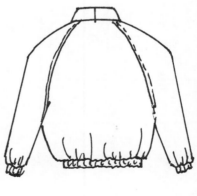

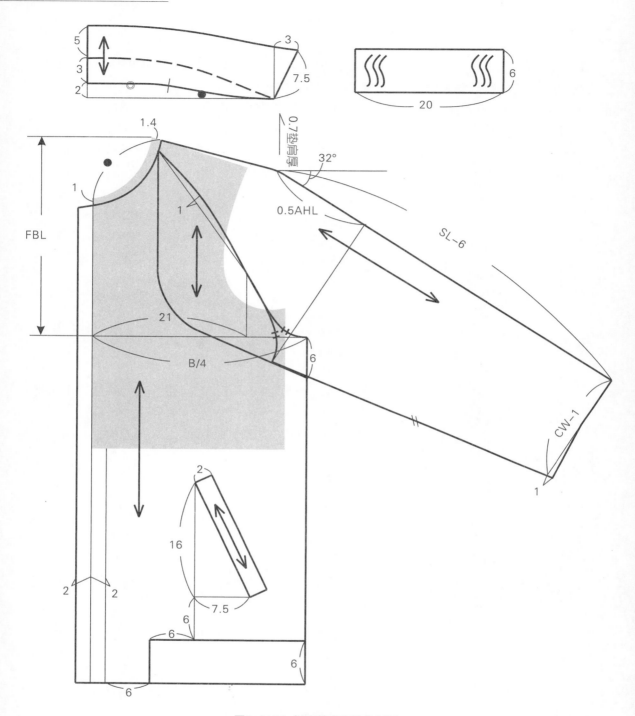

图7-14(a) 插肩袖夹克结构制图

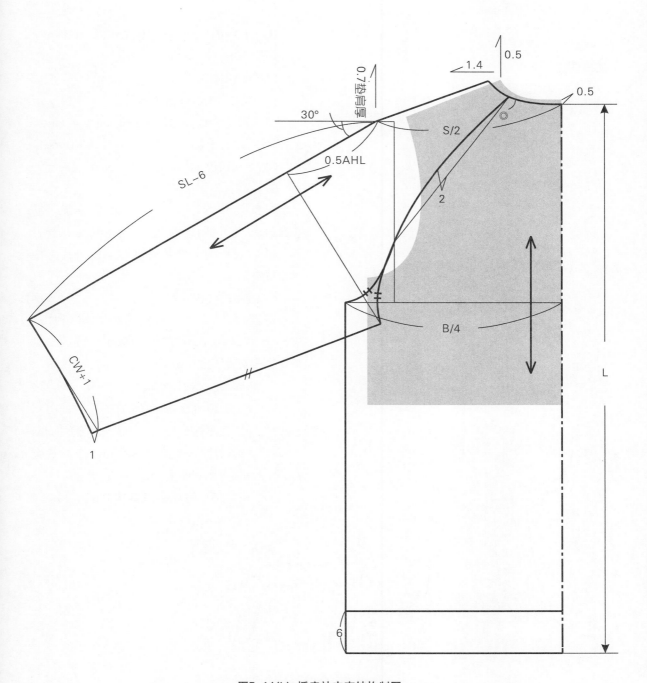

图7-14(b) 插肩袖夹克结构制图

四、有帽夹克

1. 款式风格

宽松型衣身，有三片风帽，罗纹袖口。款式图见图7-15。

2. 规格设计

设男子中间体身高h=170cm，净胸围B*=88cm，内衣厚度=8cm。

L = 0.4h+4cm = 0.4×170cm+4cm = 72cm；

WL = 0.25h = 42.5cm；

B = (B*+内衣厚度) +20cm = 88cm+8cm+20cm =116cm；

FBL=0.2B+3cm+2cm =28.2cm；

S = 0.3B+13.2 cm = 48cm；

N = 0.25 (B*+内衣厚度) +19cm =43cm；

SL = 0.3h+8.8cm+1.2cm (垫肩) =61cm；

CW = 0.1 (B*+内衣厚度) +8.5cm =18cm。

3. 衣身结构平衡

衣身采用"箱形—梯形"方法平衡。前衣身浮余量下放1cm；由于是宽松型衣身，因此前后衣身的浮余量隐藏在前后袖窿之中作归拢处理。

4. 有帽领结构

有帽领为三片分割型结构。帽侧片高31cm，宽25cm，帽中片宽10cm。按宽松型有帽衣领结构制图。

5. 衣袖结构

设袖山高为0.5AHL，后袖山斜线为后AH+吃势 − 0.6cm，前袖山斜线为前AH+吃势 − 0.6cm，作一片圆装直身袖制图。

6. 有帽夹克结构制图

详见图7-16。

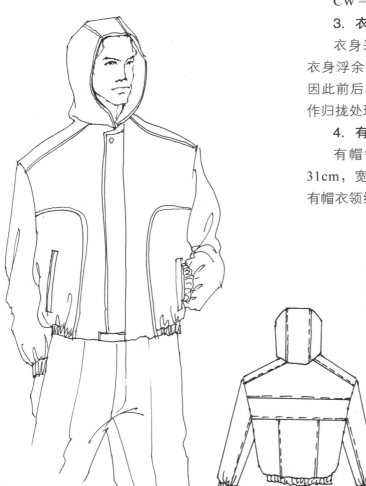

图7-15 有帽夹克款式

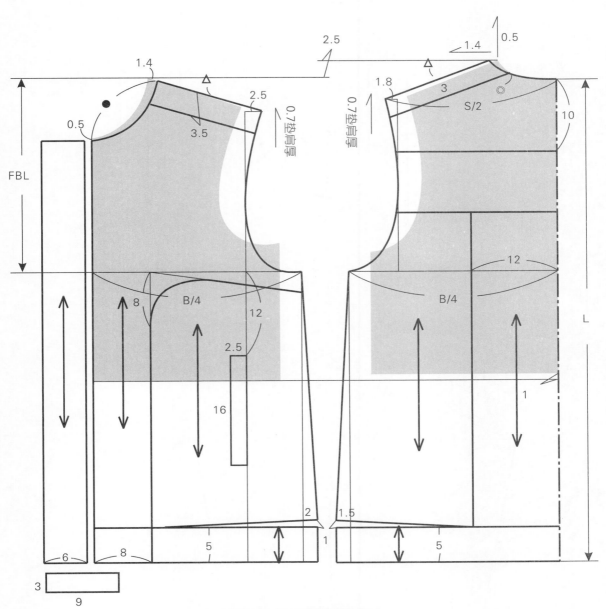

图7-16(a) 有帽夹克结构制图

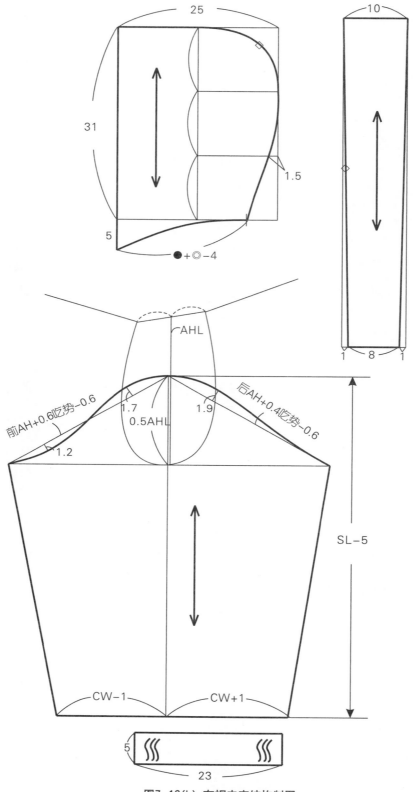

25

10

31

1.5

5

●+◎−4

AHL

前AH+0.6吃势−0.6

后AH+0.4吃势−0.6

1.7

0.5AHL

1.9

1.2

1

8

1

SL−5

CW−1

CW+1

5

23

图7−16(b) 有帽夹克结构制图

五、较贴体型贴皮夹克

1. 款式风格

较贴体衣身，前衣身肩部和后衣身有分割线，平驳翻折领，圆装二片弯身袖。款式图见图7-17。

2. 规格设计

设男子中间体身高h=170cm，净胸围B*=88cm，内衣厚度=8cm。

L=0.4h+6cm＝0.4×170cm+6cm＝74cm；

WL=0.25h=42.5cm；

B＝（B*＋内衣厚度）+14cm＝88cm+8cm+14cm＝110cm；

FBL=0.2B+3cm+3.5cm=27.5cm；

S=0.3B+14.6cm＝47.6cm；

N=0.25（B*+内衣厚度)+18cm=42cm；

SL=0.3h+8.8cm+1.2cm(垫肩)=61cm；

CW=0.1（B*+内衣厚度)+4.7cm=14.5cm。

3. 衣身结构平衡

衣身结构采用箱型方法平衡，前衣身的浮余量1cm用撇胸方法处理。后衣身浮余量的0.7cm在肩缝处用缩缝处理。

4. 衣领结构

衣领结构按翻折领方法制图。取α_b= 95°，n_b=3cm ，m_b=4cm。

5. 衣袖结构

袖山按较贴体型来设计。袖山高为0.8AHL，后袖山斜线长＝后AH－0.8cm，前袖山斜线长=前AH－1.1cm，袖身为较弯型袖身型。

6. 较贴体型贴皮夹克结构制图

详见图7-18。

图7-17 较贴体型贴皮夹克款式

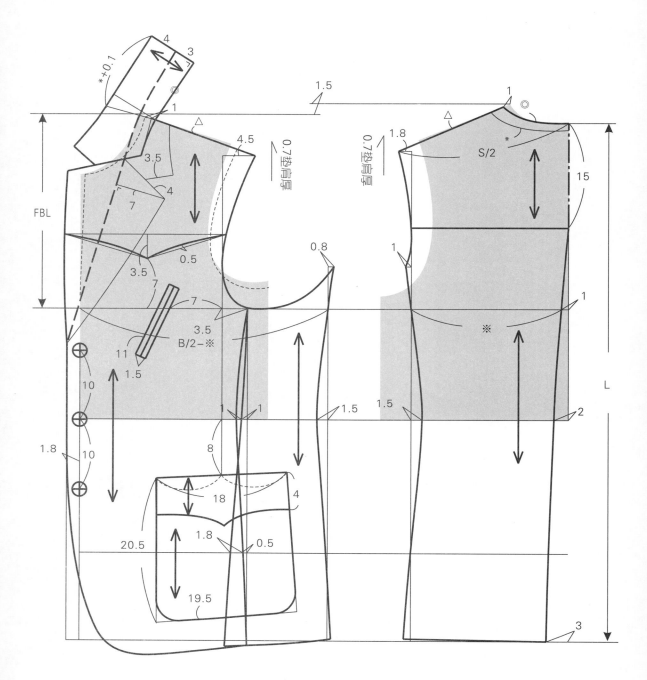

图7-18(a) 较贴体型贴皮夹克结构制图

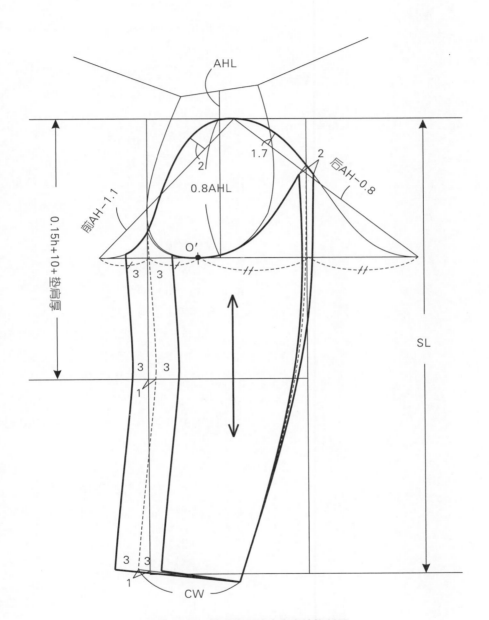

图7-18(b) 较贴体型贴皮夹克结构制图

六、翻折领、套肩袖、宽松型夹克

1. 款式风格

宽松型衣身，翻折领呈圆弧形，袖子的袖山套入肩部的夹层内。款式图见图7-19。

2. 规格设计

设男子中间体身高h=170cm，净胸围B*=88cm，内衣厚度=8cm。

L = 0.4h+4cm = 0.4×170cm+4cm＝72cm；

WL = 0.25h = 42.5cm；

B = (B* +内衣厚度) +32cm = 88cm+8cm+32cm =128cm；

FBL=0.2B +3cm+4.4cm = 33cm；

S = 0.3B+13.6cm = 52cm；

N = 0.25 (B* +内衣厚度) +20cm = 44cm；

SL = 0.3h+9.8cm+1.2cm (垫肩) = 62cm；

CW = 0.1 (B* +内衣厚度) +4.7cm = 14.5cm。

3. 衣身结构平衡

衣身结构采用"箱型—梯型"方法进行平衡。前浮余量下放1cm。由于衣身是很宽松型，因此将后浮余量放在袖窿处，在后衣片肩缝处放出0.5cm的内外层松量。

4. 衣领结构

衣领结构按翻折领方法制图。取α_b= 90°，n_b= 4cm，m_b= 8cm

5. 衣袖结构

袖山按宽松型来设计。宽松型风格和一片直身袖，袖山高取0.5AHL，AHL是前、后肩点(SP点)连线的中点至袖窿深线之间距离。取后袖山斜线长＝后AH+吃势 – 0.6cm，取前袖山斜线=前AH+吃势 – 0.9cm。袖身为较弯型袖身型。

6. 翻折领、套肩袖、宽松型夹克结构制图

详见图7-20。

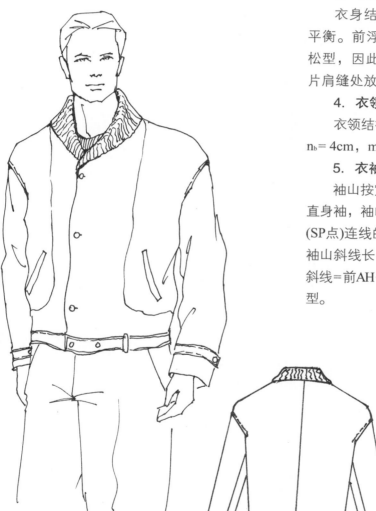

图7-19 翻折领、套肩袖、宽松型夹克款式

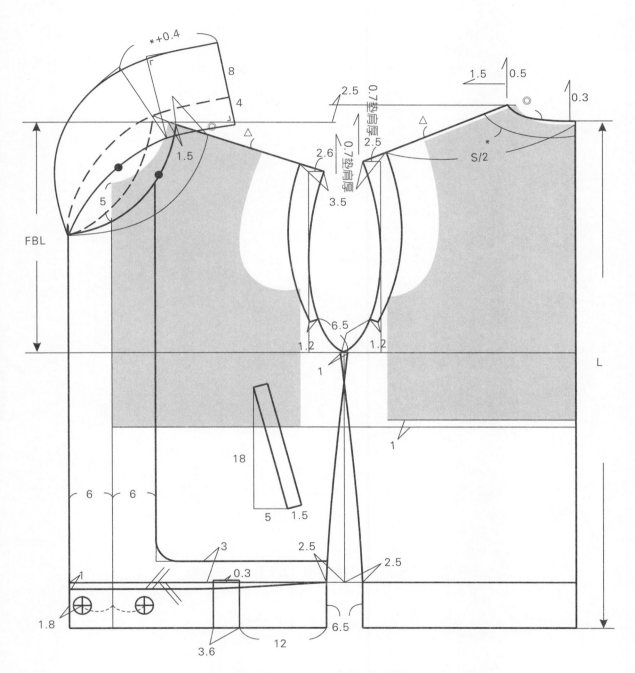

图7-20(a) 翻折领、套肩袖、宽松型夹克结构制图

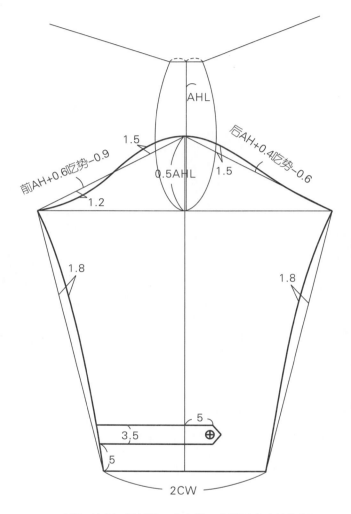

图7-20(b) 翻折领、套肩袖、宽松型夹克结构制图

七、运动型夹克

1. 款式风格

较宽松型衣身，翻折领型，较宽松型袖山。款式图见图7-21。

2. 规格设计

设男子中间体身高h=170cm，净胸围B*=88cm，内衣厚度=8cm。

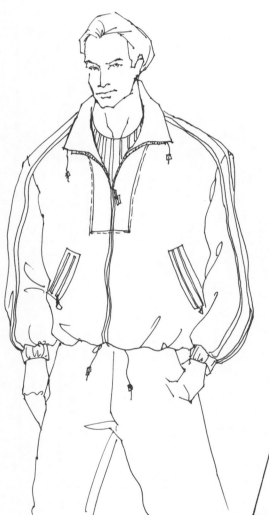

$L = 0.4h+8cm = 0.4 \times 170cm+8cm = 76cm$；

$WL = 0.25h = 42.5cm$；

$B = (B*+内衣厚度)+20cm = 88cm+8cm+20cm = 116cm$；

$FBL = 0.2B+3cm+3cm = 29.2cm$；

$S = 0.3B+13.6cm = 48.4cm$；

$N = 0.25(B*+内衣厚度)+19cm = 43cm$；

$SL = 0.3h+8.8cm+1.2cm(垫肩) = 61cm$；

$CW = 0.1(B*+内衣厚度)+4cm = 13cm$。

3. 衣身结构平衡

衣身结构采用"箱型—梯型"方法进行平衡，前浮余量下放1cm。由于衣身是较宽松型，因此可将浮余量放在袖窿处，在后衣片肩缝处放出0.5cm的内外层松量。

4. 衣领结构

取$\alpha_b = 90°$，$n_b = 3cm$，$m_b = 4.5cm$。

5. 衣袖结构

袖山按较宽松型来设计。宽松型风格和一片直身袖，袖山高取0.4AHL，AHL是前、后肩点（SP点）连线的中点至袖窿深线之间距离。取后袖山斜线长=后AH+吃势－0.6cm，取前袖山斜线=前AH+吃势－0.9cm。

6. 运动型夹克结构制图

详见图7-22。

图7-21 运动型夹克款式

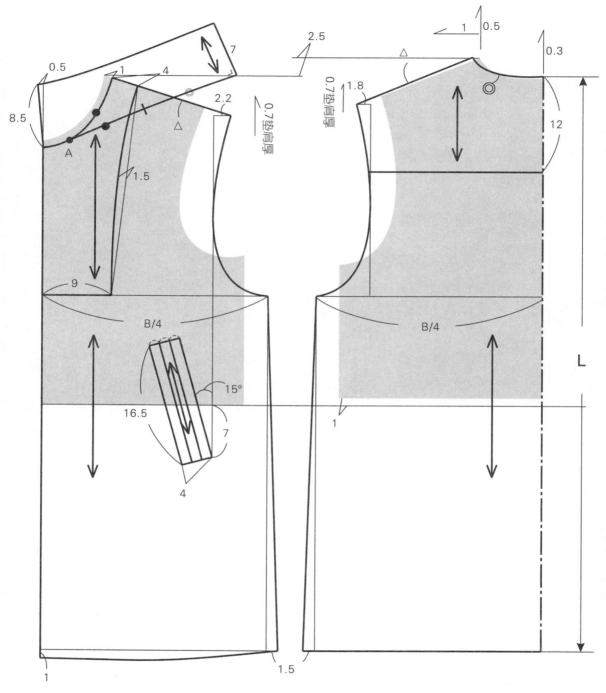

图7-22(a) 运动型夹克结构制图

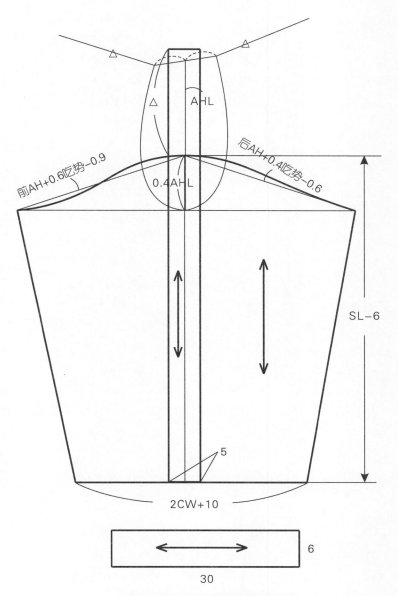

图7-22(b) 运动型夹克结构制图

第四节　正装男西装

一、一粒扣戗驳领西装

1．款式风格

较贴体型衣身，单排一粒扣，戗驳翻折领。较贴体袖山，两片弯身袖。款式图见图7-23。

2．规格设计

设男子中间体身高h=170cm，净胸围

B*=88cm，内衣厚度=2cm。

L = 0.4h+8cm = 0.4×170cm+8cm= 76cm；

WL = 0.25h = 42.5cm；

B = (B*+内衣厚度) +16cm = 88cm+2cm+16cm=106cm；

FBL=0.2B+3cm+3.3cm=27.5cm；

S = 0.3B+14.2cm = 46cm；

N=0.25(B*+内衣厚度)+19.5cm = 42cm；

SL=0.3h+7.8cm+1.2cm(垫肩)=60cm；

CW=0.1(B*+内衣厚度) + 5cm=14cm。

3．衣身结构平衡

衣身结构采用箱型方法进行平衡。前衣身浮余量先作1cm撇胸处理，后浮余量1cm先在后衣片肩缝处0.7cm的缩缝处理，其余的0.3cm在后袖窿处理。

4．衣领结构

衣领结构制图按翻折领制图，取α_b=100°，n_b=2.5cm，m_b= 3.5cm。

5．衣袖结构

袖山按较贴体型设计。袖山高取0.85AHL，后袖山斜线取后AH+吃势－1cm，前袖山斜线取前AH+吃势－1.3cm，二片圆装较弯身袖身为型。

6．一粒扣戗驳领西装结构制图

详见图7-24。

图7-19　一粒扣戗驳领西装款式

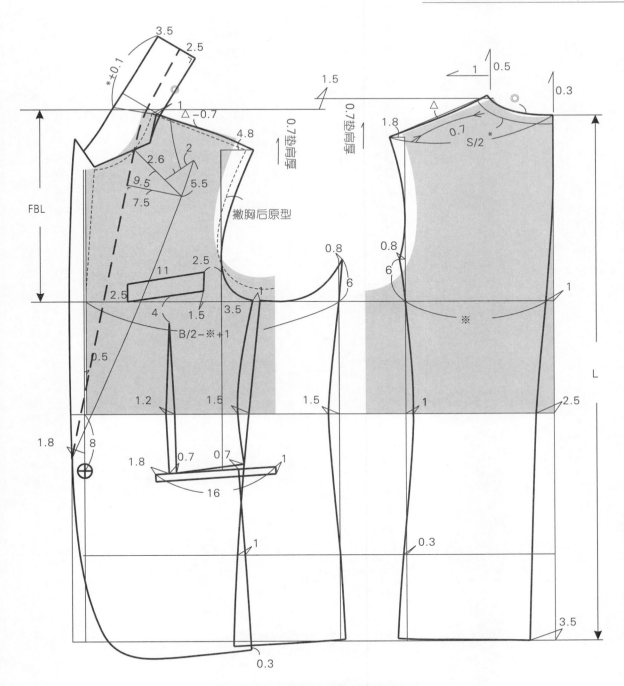

图7-24(a) 一粒扣戗驳领西装结构制图

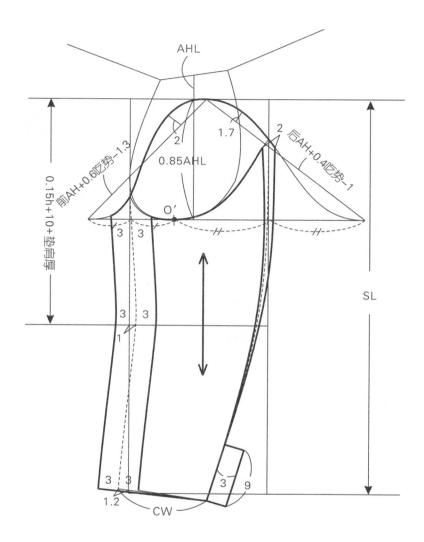

图7-24(b) 一粒扣戗驳领西装结构制图

二、二粒扣平驳领西装

1. 款式风格

较贴体型衣身，单排二粒扣，平驳翻折领。较贴体袖山，二片弯身袖。款式图见图7-25。

2. 规格设计

设男子中间体身高h=170cm，净胸围B*=88cm，内衣厚度=2cm。

L = 0.4h+8cm=76cm；

WL = 0.25h=42.5cm；

B = (B*+内衣厚度) +17cm=107cm；

FBL=0.2B+3cm+3.1cm=27.5cm；

S = 0.3B+14.1cm=46.2cm；

N = 0.25 (B*+内衣厚度) +19.5cm=42cm；

SL = 0.3h+7.8cm+1.2cm (垫肩)=60cm；

CW = 0.1 (B*+内衣厚度) +5cm=14cm。

3. 衣身结构平衡

衣身结构采用箱型方法进行平衡。前衣身浮余量先作1cm撇胸处理，后浮余量1cm先在后衣片肩缝处0.7cm的缩缝处理，其余的0.3cm在后袖窿处理。

4. 衣领结构

衣领结构制图按翻折领制图，取α_b=100°，n_b=2.5cm，m_b= 3.5cm。

5. 衣袖结构

袖山按较贴体型设计。袖山高取0.85AHL，后袖山斜线取后AH+吃势－1cm，前袖山斜线取前AH+吃势－1.3cm，袖身为较弯袖身型。

6. 二粒扣平驳领西装结构制图

详见图7-26。

图7-25 二粒扣平驳领西装款式

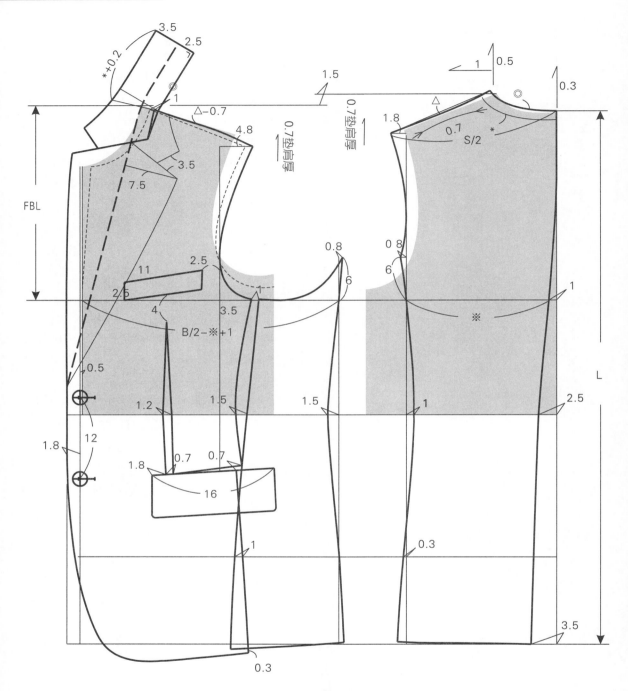

图7-26(a) 二粒扣平驳领西装结构制图

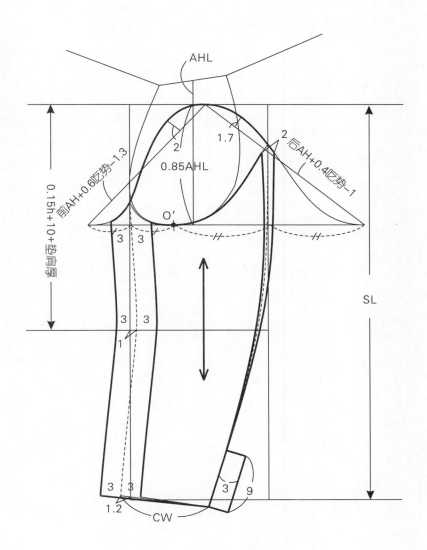

AHL

前AH+0.6吃势-1.3

后AH+0.4吃势-1

0.85AHL

2

1.7

2

O'

3 3

3 3

1

3 3

3 9

1.2

CW

0.15h+10+垫肩厚

SL

图7-26(b) 二粒扣平驳领西装结构制图

三、双排六粒扣戗驳领西装

1. 款式风格

较贴体型衣身，双排六粒扣，戗驳翻折领。较贴体袖山，两片弯身袖。款式图见图7-27。

2. 规格设计

设男子中间体身高h=170cm，净胸围B*=88cm，内衣厚度=2cm。

L = 0.4h+8cm = 0.4×170cm+8cm=76cm；

WL = 0.25h=42.5cm；

B = (B*+内衣厚度) +18cm=108cm；

FBL=0.2B+3cm+3.4cm=28cm；

S = 0.3B+14.6cm=47cm；

N = 0.25 (B*+内衣厚度) +19.5cm=42cm；

SL = 0.3h+7.8cm+1.2cm (垫肩)=60cm；

CW = 0.1(B*+内衣厚度)+5cm=14cm。

3. 衣身结构平衡

衣身结构采用箱型方法进行平衡。前衣身浮余量先作1cm撇胸处理，后浮余量1cm先在后衣片肩缝处0.7cm的缩缝处理，其余的0.3cm在后袖窿处理。

4. 衣领结构

衣领结构制图按翻折领制图，取α_b=100°，n_b=2.5cm，m_b= 3.5cm。

5. 衣袖结构

袖山按较贴体型设计。袖山高取0.85AHL，后袖山斜线取后AH+吃势－1cm，前袖山斜线取前AH+吃势－1.3cm，袖身为较弯袖身型。

6.双排六粒扣戗驳领西装结构制图

详见图7-28。

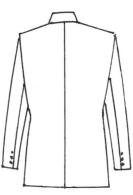

图7-27 双排六粒扣戗驳领西装款式

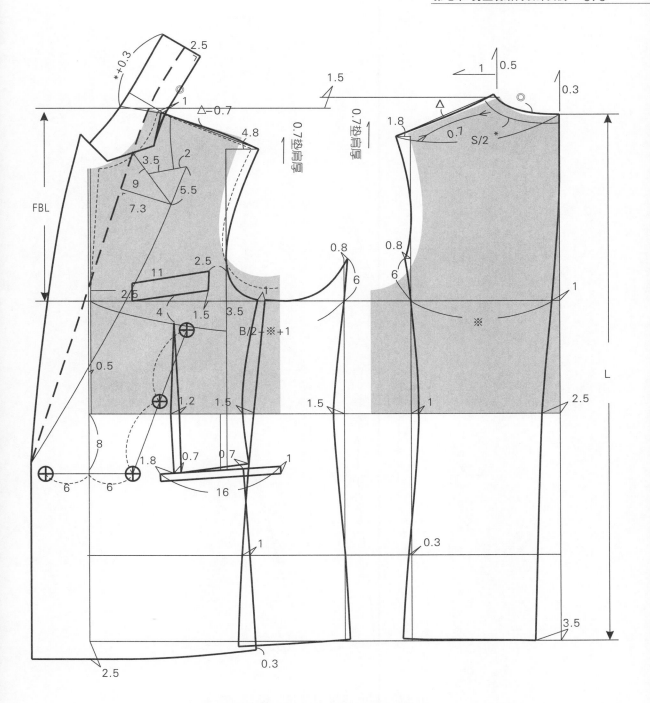

图7-28(a) 双排六粒扣戗驳领西装结构制图

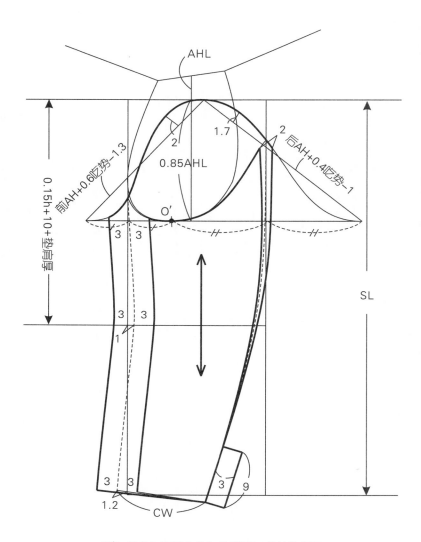

图7-28(b) 双排六粒扣戗驳领西装结构制图

第五节 休闲男西装

一、一粒扣青果领西装

1. 款式风格

较宽松型衣身，单排一粒扣，青果领。较宽松型袖山，两片弯身袖。款式图见图7-29。

2. 规格设计

设男子中间体身高h=170cm，净胸围B*=88cm，内衣厚度=4cm。

$L = 0.4h+8cm = 0.4×170cm+8cm= 76cm$；

$WL = 0.25h = 42.5cm$；

$B = (B*+内衣厚度)+24cm = 88cm+4cm+22cm = 114cm$；

$FBL= 0.2B+3cm+3.2cm = 29cm$；

$S = 0.3B+14.8cm = 49cm$；

$N = 0.25(B*+内衣厚度)+20cm = 43cm$；

$SL = 0.3h+8.8cm+1.2cm(垫肩) = 61cm$；

$CW = 0.1(B*+内衣厚度)+5.5cm = 14.5cm$。

3. 衣身结构平衡

衣身结构采用箱型方法进行平衡。前衣身浮余量先作1cm撇胸处理，在后衣片肩缝处0.7cm的缩缝处理，其余的0.3cm在后袖窿处理。

4. 衣领结构

衣领结构制图按翻折领制图，取$\alpha_b=100°$，$n_b=2.5cm$，$m_b=3.5cm$。

5. 衣袖结构

袖山按较贴体型设计。袖山高取0.8AHL，前袖山斜线取前AH+吃势－1.1cm，后袖山斜线取后AH+吃势－0.8cm，袖身为较弯袖身型。

6. 一粒扣青果领西装结构制图

详见图7-30。

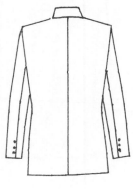

图7-29 一粒扣青果领西装款式

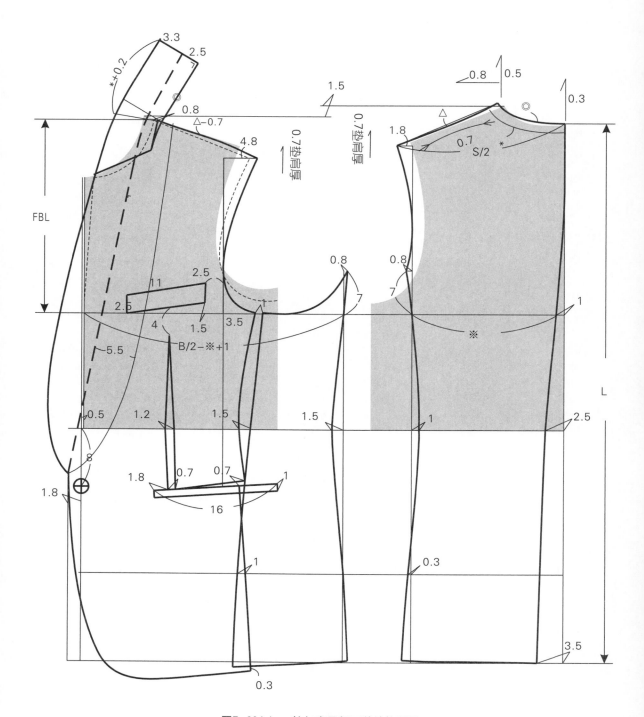

图7-30(a) 一粒扣青果领西装结构制图

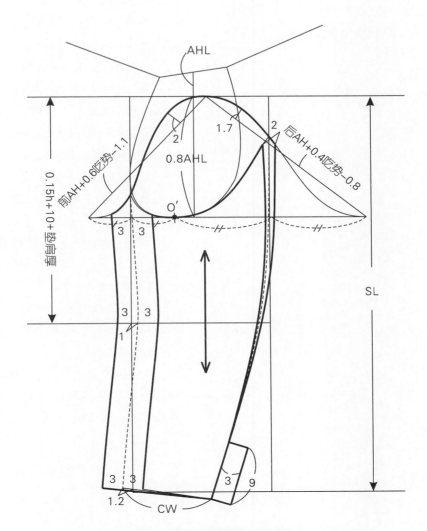

图7-30(b) 一粒扣青果领西装结构制图

二、三粒扣三袋盖平驳领西装

1. 款式风格

较宽松型衣身，单排三粒扣，三袋盖，平驳翻折领。较宽松型袖山，两片弯身袖。款式图见图7-31。

2. 规格设计

设男子中间体身高h=170cm，净胸围

B*=88cm，内衣厚度=2cm。

L = 0.4h+8cm = 0.4×170cm+8cm=76cm；

WL = 0.25h=42.5cm；

B = (B*+内衣厚度) +24cm = 88cm+4cm+22cm=114cm；

FBL=0.2B+3cm+3.2cm=29cm；

S = 0.3B+14.8cm=49cm；

N = 0.25 (B*+内衣厚度) +20cm=43cm；

SL = 0.3h+8.8cm+1.2cm (垫肩)=61cm；

CW=0.1(B*+内衣厚度)+5.5cm=14.5cm。

3. 衣身结构平衡

衣身结构采用箱型方法进行平衡。前衣身浮余量先作1cm撇胸处理，在后衣片肩缝处0.7cm的缩缝处理，其余的0.3cm在后袖窿处理。

4. 衣领结构

衣领结构制图按翻折领制图，取α_b=100°，n_b=2.5cm，m_b= 3.5cm。

5. 衣袖结构

袖山按较贴体型设计。袖山高取0.8 AHL，前袖山斜线取前AH+吃势－1.1cm，后袖山斜线取后AH+吃势－0.8cm，袖身为较弯袖身型。

6.三粒扣三袋盖平驳领西装结构制图

详见图7-32。

图7-31 三粒扣三袋盖平驳领西装款式

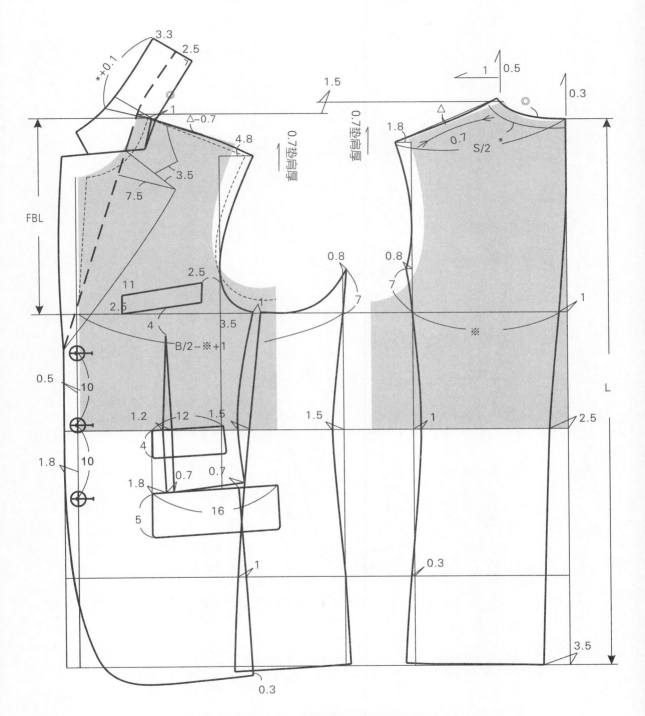

图7-32(a) 三粒扣三袋盖平驳领西装结构制图

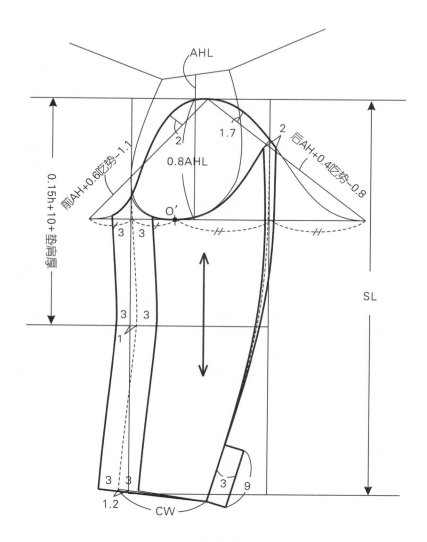

图7—32（b）三粒扣三袋盖平驳领西装结构制图

三、四粒扣丝瓜领西装

1. 款式风格

较宽松型衣身，双排四粒扣，无袋盖，丝瓜领。较宽松型袖山，两片弯身袖。款式图见图7-33。

2. 规格设计

设男子中间体身高h＝170cm，净胸围

$B^*=88cm$，内衣厚度=4cm。

$L = 0.4h+8cm = 0.4\times170cm+8cm= 76cm$；

$WL = 0.25h = 42.5cm$；

$B = (B^*+内衣厚度) +24cm = 88cm+4cm+22cm=114cm$；

$FBL=0.2B+3cm+3.2cm=29cm$；

$S = 0.3B+14.8cm=49cm$；

$N = 0.25 (B^*+内衣厚度) +20cm=43cm$；

$SL = 0.3h+8.8cm+1.2cm (垫肩)=61cm$；

$CW = 0.1 (B^*+内衣厚度) +5.5cm=14.5cm$。

3. 衣身结构平衡

衣身结构采用箱型方法进行平衡。前衣身浮余量先作1cm撇胸处理，在后衣片肩缝处0.7cm的缩缝处理，其余的0.3cm在后袖窿处理。前片肩斜取18°，后片肩斜取22°。

4. 衣领结构

衣领结构制图按翻折领制图，取$\alpha_b=100°$，$n_b=2.5cm$，$m_b=3.5cm$。

5. 衣袖结构

袖山按贴体型设计。袖山高取0.83AHL，前袖山斜线取前AH+吃势－1.1cm，后袖山斜线取后AH+吃势－0.8cm，袖身为较弯袖身型。

6. 四粒扣丝瓜领西装结构制图

详见图7-34。

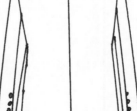

图7-33 四粒扣丝瓜领西装

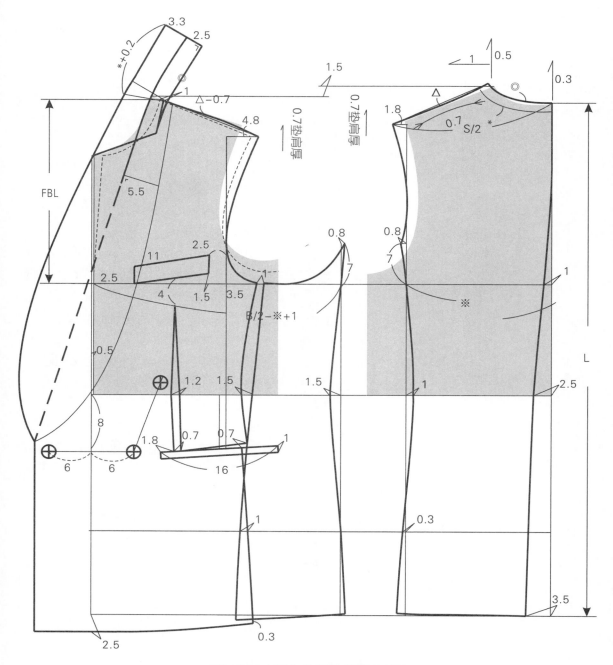

图7-34(a) 四粒扣丝瓜领西装结构制图

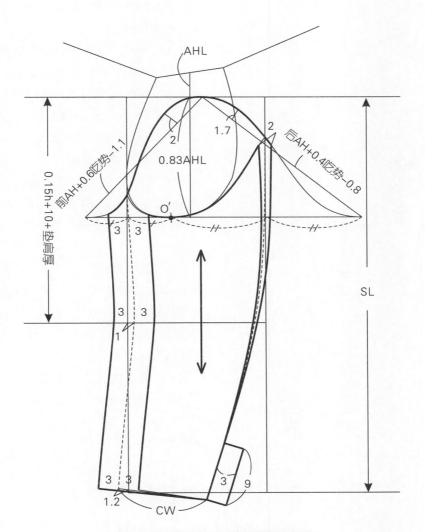

图7-34(b)　四粒扣丝瓜领西装结构制图

四、无领西装

1. 款式风格

较贴体型衣身，单排三粒扣，无领。较贴体袖山，两片弯身袖。款式图见图7-35。

2. 规格设计

设男子中间体身高h=170cm，净胸围B*=88cm，内衣厚度=2cm。

L = 0.4h+8cm = 0.4×170cm+8cm= 76cm；

WL = 0.25h = 42.5cm；

B = (B*+内衣厚度) +17cm = 88cm+2cm+17cm=107cm；

FBL=0.2B+3cm+3.1cm=27.5cm；

S = 0.3B+14.1 cm = 46.2cm；

N = 0.25 (B*+内衣厚度) +19.5cm = 42cm；

SL = 0.3h+7.8cm+1.2cm (垫肩) = 60cm；

CW = 0.1 (B*+内衣厚度) +5cm = 14cm。

3. 衣身结构平衡

衣身结构采用箱型方法进行平衡。前衣身浮余量先作1cm撇胸处理，在后衣片肩缝处0.7cm的缩缝处理，其余的0.3cm在后袖窿处理。

4. 衣袖结构

袖山按贴体型设计。袖山高取0.83 AHL，前袖山斜线取前AH+吃势－1.2cm，后袖山斜线取后AH+吃势－0.9cm，袖身为较弯袖身型。

5. 无领西装结构制图

详见图7-36。

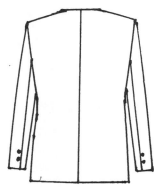

图7-35 无领西装款式

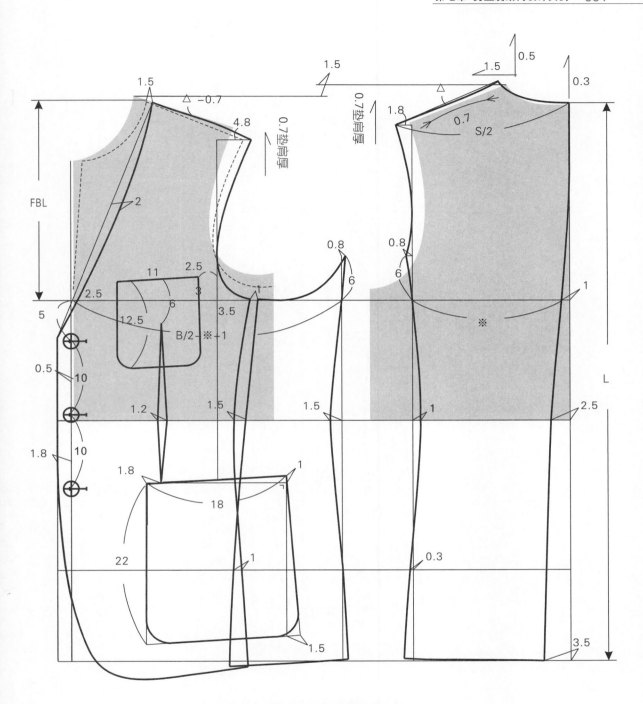

图7-36(a) 无领西装结构制图

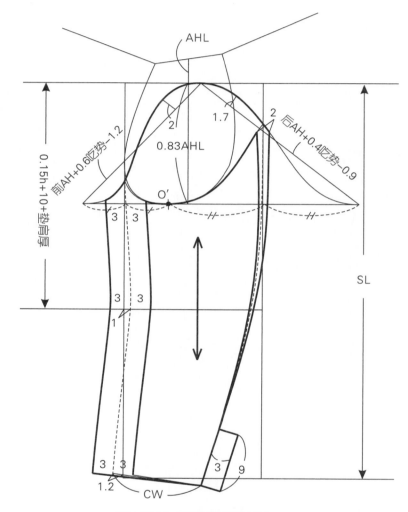

图7-36(b) 无领西装结构制图

第六节 西装马甲

一、五粒扣马甲

1. 款式风格

贴体型衣身，后衣身的里面都是采用里布缝制。款式图见图7-37。

图7-37 五粒扣马甲

2. 规格设计

设男子中间体身高h=170cm，净胸围B*=88cm，内衣厚度=2cm。

L = 0.3h+4cm = 0.3×170cm+5cm= 56cm；

WL = 0.25h=42.5cm；

B=(B*+内衣厚度)+6cm = 88cm+2cm+6cm = 96cm；

FBL=0.2B+3cm+7.3cm=29.5cm；

S = 0.3B+3.6cm = 32.4cm；

N = 0.25 (B*+内衣厚度) +18.5cm=41cm。

3. 衣身结构平衡

衣身结构采用箱型方法进行平衡。前衣身浮余量为2.2cm先作1.3cm撇胸处理，肩斜线改斜0.3cm，其余的放在袖窿处归拢或转移至腰省。后衣片浮余量为1.8cm，在肩缝处作部分缝缩处理，其余的放在袖窿内转移至腰省。

4. 领窝结构

西装马甲领窝大小应稍大于或等于衬衫领窝大小。前领窝线开至袖窿深线，肩斜线向前移位。

5. 袖窿结构

西装马甲袖窿深线在原型的基础上向下加深3.5cm，要比衬衫袖窿深深1～2cm。

6. 五粒扣马甲结构制图

详见图7-38。

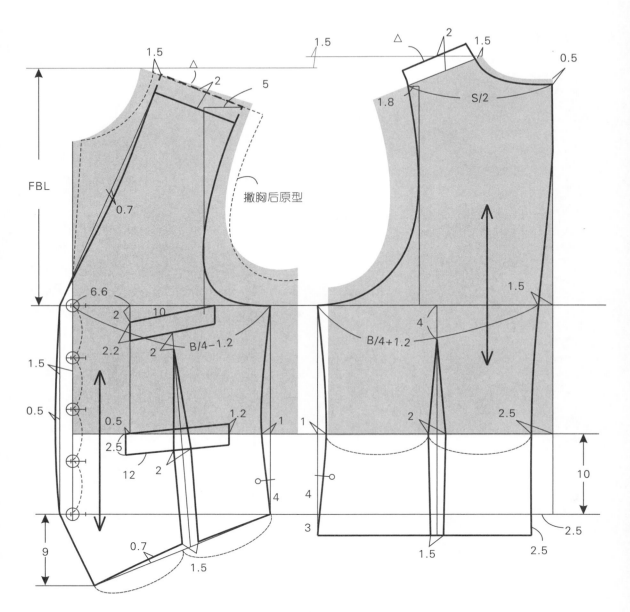

撇胸后原型

图7-38　五粒扣马甲结构制图

二、燕尾服(礼服)马甲

1. 款式风格

贴体型衣身，后衣身的里面都是采用里布缝制。款式图见图7-39。

2. 规格设计

设男子中间体身高h=170cm，净胸围B*=88cm，内衣厚度=2cm。

$L = 0.3h+4cm = 0.3×170cm+1=52cm$；

$WL = 0.25h = 42.5cm$；

$B = (B*+内衣厚度) +6cm = 88cm+2cm+6cm=96cm$；

$FBL=0.2B+3cm+7.3cm=29.5cm$；

$S = 0.3B+3.6cm=32.4cm$；

$N = 0.25 (B*+内衣厚度) +18.5cm=41cm$。

3. 衣身结构平衡

衣身结构采用箱型方法进行平衡。前衣身浮余量为2.2cm先作1.3cm撇胸处理，肩斜线改斜0.3cm，其余的放在袖窿处归拢或转移至腰省。后衣片浮余量为1.8cm，在肩缝处作部分缝缩处理，其余的放在袖窿内转移至腰省。

4. 领窝结构

燕尾服(礼服)马甲领窝应稍大于或等于衬衫领窝大小。前领窝线开至袖窿深线，肩斜线向前移位。

5. 袖窿结构

西装马甲袖窿深线在原型的基础上向下加深3.5cm，要低于衬衫袖窿深深1~2cm。

6. 燕尾服(礼服)马甲结构制图

详见图7-40。

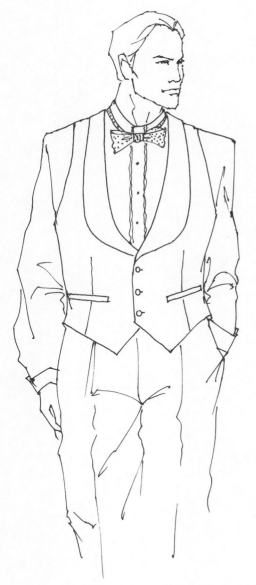
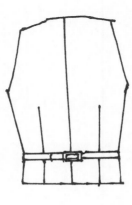

图7-39 燕尾服(礼服)马甲款式

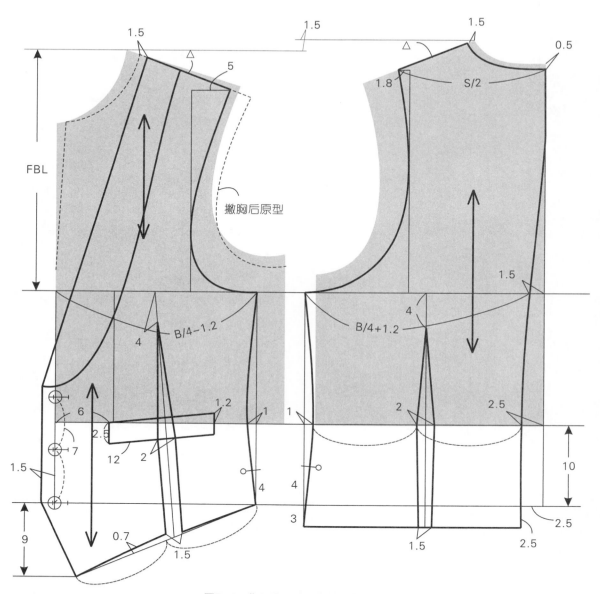

图7-40 燕尾服(礼服)马甲结构制图

第七节 燕尾服、晨礼服

一、燕尾服

1. 款式风格

较贴体型衣身，双排六粒扣，戗驳翻折领。较贴体袖山，两片弯身袖。款式图见图7-41。

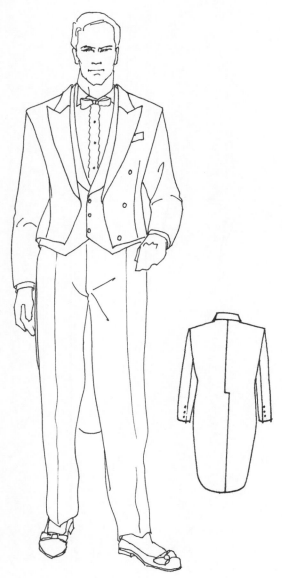

图7-41 燕尾服款式

2. 规格设计

设男子中间体身高h=170cm，净胸围B*=88cm，内衣厚度=4cm。

L= 0.6h+4cm= 0.6×170cm+4cm= 106cm；

WL= 0.25h = 42.5cm；

B = (B*+内衣厚度) +12cm = 88cm+4cm+12cm =104cm；

FBL=0.2B+3cm+3.7cm=27.5cm；

S = 0.3B+14.8 cm = 46cm；

N= 0.25 (B*+内衣厚度) +18cm = 41cm；

SL= 0.3h+7.8cm+1.2cm (垫肩) =60cm；

CW= 0.1 (B*+内衣厚度) +5cm = 14cm。

3. 衣身结构平衡

衣身结构采用箱型进行平衡。前衣身浮余量先作1cm撇胸处理，剩余的放在袖窿，并转移至腰省。后衣身浮余量在后袖窿处理0.5cm省量，再在后衣片肩缝处0.7cm的缩缝处理。

4. 衣领结构

衣领结构制图按翻折领制图，取α_b= 100°，n_b=2.5cm，m_b=3.5cm。

5. 衣袖结构

袖山按较贴体型设计。袖山高取0.8AHL，前袖山斜线取前AH+吃势 – 1.2cm，后袖山斜线取后AH+吃势 – 0.9cm，袖身为较弯袖身型。

6. 燕尾服结构制图

详见图7-42。

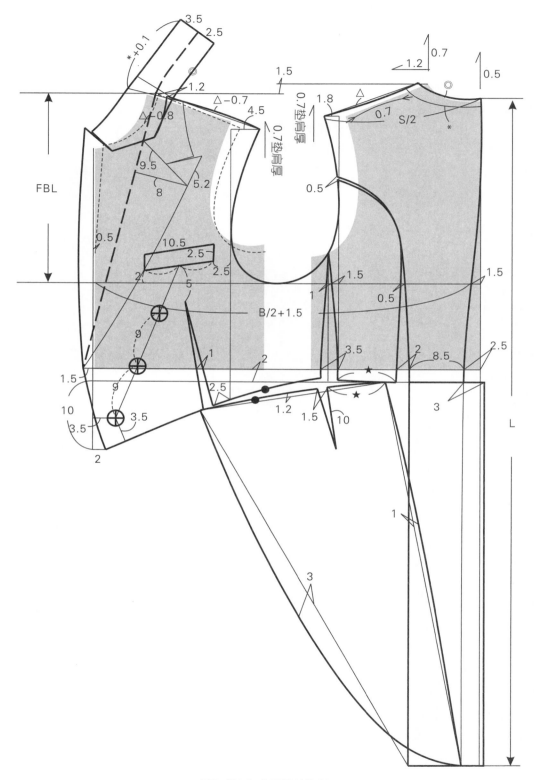

图7-42(a) 燕尾服结构制图

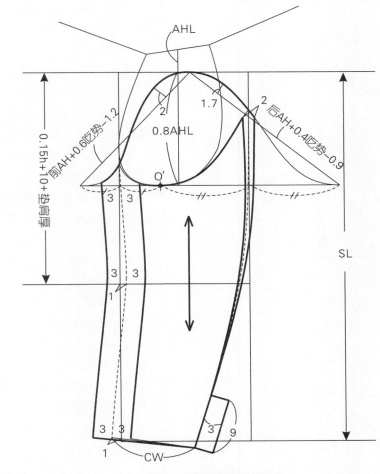

图7-42(b) 燕尾服结构制图

二、晨礼服

1. 款式风格

较贴体型衣身，单排一粒扣，戗驳翻折领。较贴体袖山，两片弯身袖。款式图见图7-43。

图7-43 晨礼服款式

2. 规格设计

设男子中间体身高h=170cm，净胸围B*=88cm，内衣厚度=4cm。

L = 0.6h+4cm=0.6×170cm+4cm=106cm；

WL = 0.25h =42.5cm；

B = (B*+内衣厚度) +12cm=88cm+4cm+12cm=104cm；

FBL=0.2B+3cm+3.7cm=27.5cm；

S = 0.3B+14.8cm=46cm；

N = 0.25 (B*+内衣厚度) +18cm=41cm；

SL = 0.3h+7.8cm+1.2cm (垫肩)=60cm；

CW = 0.1 (B*+内衣厚度) +5cm=14cm。

3. 衣身结构平衡

衣身结构采用箱型进行平衡。前衣身浮余量先作1cm撇胸处理，剩余的放在袖窿，并转移至腰省。后衣身浮余量在后袖窿处0.5cm省量，再在后衣片肩缝处0.7cm的缩缝处理。

4. 衣领结构

衣领结构制图按翻折领制图，取α_b=100°，n_b=2.5cm，m_b=3.5cm。

5. 衣袖结构

袖山按较贴体型设计。袖山高取0.8 AHL，前袖山斜线取前AH+吃势 − 1.2cm，后袖山斜线取后AH+吃势 − 0.9cm，袖身为较弯袖身型。

6. 晨礼服结构制图

详见图7-44。

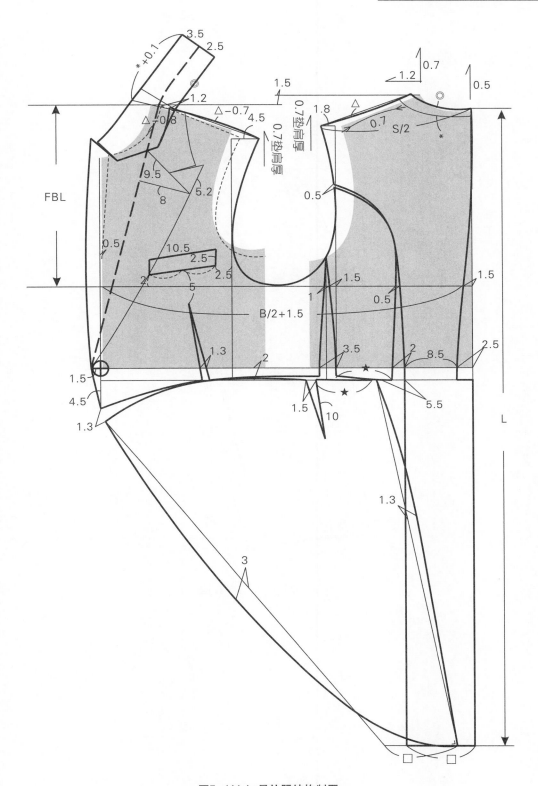

图7-44(a) 晨礼服结构制图

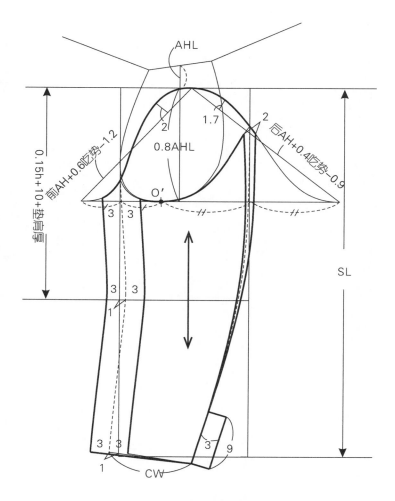

图7-44(b) 晨礼服结构制图

第八节 唐装

一、五粒中式盘扣外衣

1. 款式风格

较宽松型衣身，五粒中式盘扣、立领、连袖。款式图见图7-45。

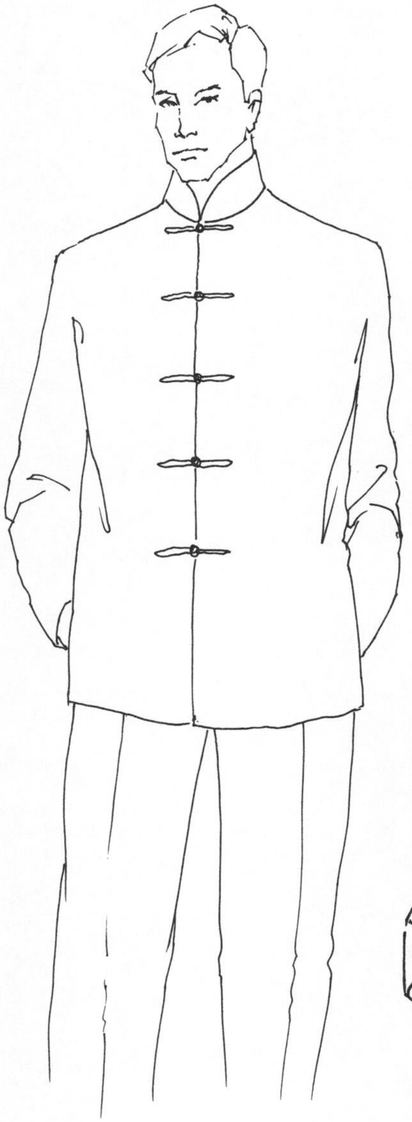

图7-45 五粒中式盘扣外衣款式

2. 规格设计

设男子中间体身高h=170cm，净胸围B*=88cm，内衣厚度=6cm。

L = 0.4h+8cm = 76cm；

WL = 0.25h +2cm = 44.5cm；

B = (B*+内衣厚度)+18cm=88cm+6cm+18cm=112cm；

FBL=0.2B+3cm+2cm=27.4cm；

S = 0.3B + 12.4cm =46cm；

N = 0.25B*+21cm =43cm；

下摆=126cm；

SL = 0.3h +9cm=60cm；

CW = 0.1B +5cm=17cm。

3. 衣身结构平衡

衣身采用"箱形—梯形"方法平衡。前衣身浮余量=2.2cm，采用下放1cm，其余的浮余量放在袖窿腋下处。后衣身浮余量放在袖窿腋下处。

4. 衣领结构

这款领为立领。

设α_b=95°，n_b=4.5cm作立领结构制图。

5. 衣袖结构

衣袖为连袖结构制图。袖长从后中线量起，因此袖长=S/2+SL=23cm+60cm=83cm。

6. 五粒中式盘扣外衣结构制图

详见图7-46。

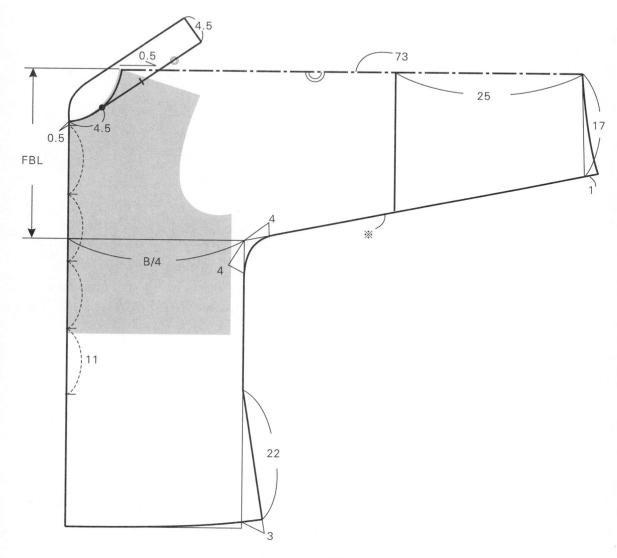

图7-46(a) 五粒中式盘扣外衣结构制图

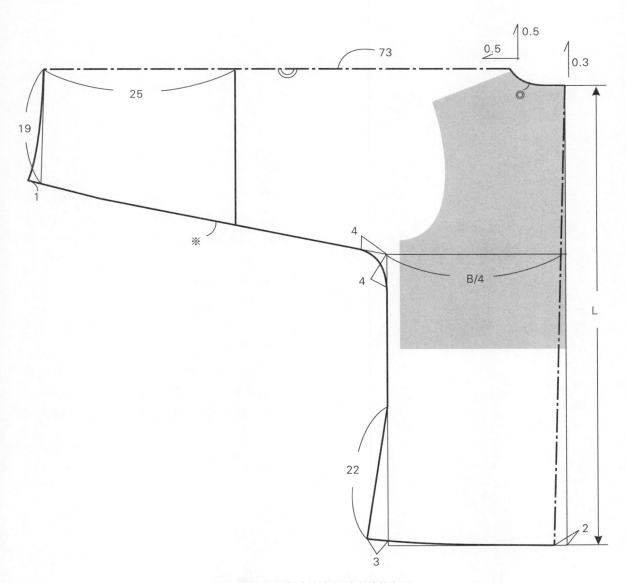

图7-46(b) 五粒中式盘扣外衣结构制图

二、有斜插袋、暗门襟、连袖外衣

1. 款式风格

较宽松型衣身，一粒中式盘扣、暗门襟、立领、连袖。款式图见图7-47。

2. 规格设计

设男子中间体身高h＝170cm，净胸围B*＝88cm，内衣厚度＝6cm。

L＝0.4h+8cm＝76cm；

WL＝0.25h+2cm＝44.5cm；

B＝(B*+内衣厚度)+18cm＝88cm+6cm+18cm＝112cm；

FBL＝0.2B+3cm+2cm＝27.4cm；

S＝0.3B＋12.4cm＝46cm；

N＝0.25B*+21cm＝43cm；

下摆＝126cm；

SL＝0.3h＋9cm＝60cm；

CW＝0.1B＋5cm＝17cm。

3. 衣身结构平衡

衣身采用"箱形—梯形"方法平衡。前衣身浮余量＝2.2cm，采用下放1cm，其余的浮余量放在袖窿腋下处。后衣身浮余量放在袖窿腋下处。

4. 衣领结构

这款领为立领。

设α_b＝95°，n_b＝4.5cm作立领结构制图。

5. 衣袖结构

衣袖为连袖结构制图。袖长从后中线量起，因此袖长＝S/2+SL＝23cm＋60cm＝83cm。

6. 有斜插袋、暗门襟、连袖外衣结构制图

详见图7-48。

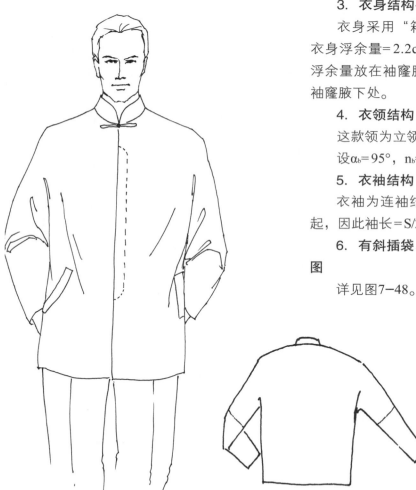

图7-47 有斜插袋、暗门襟、连袖外衣款式

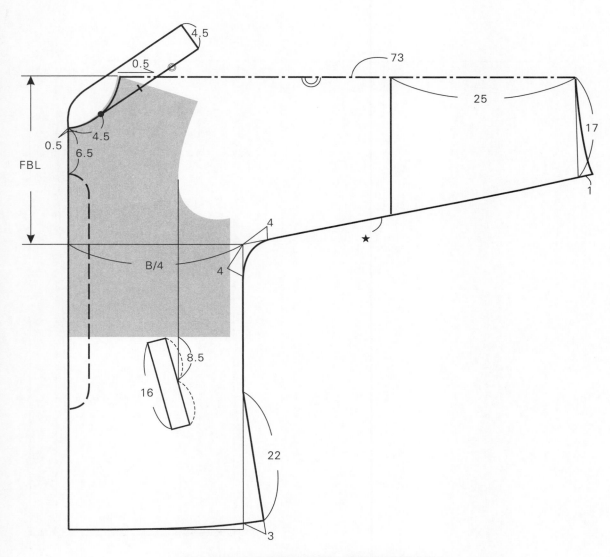

图7-48(a) 有斜插袋、暗门襟、连袖外衣结构制图

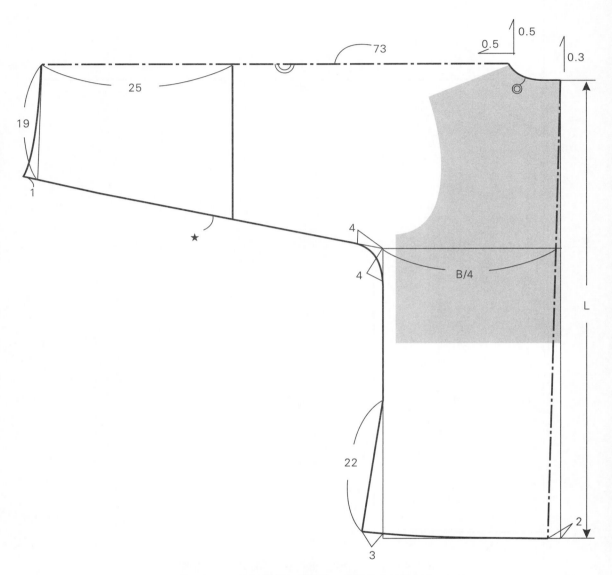

图7-48(b) 有斜插袋、暗门襟、连袖外衣结构制图

第九节　风衣、外套

一、翻折领、插肩袖、较宽松型风衣

1. 款式风格

宽松型衣身，暗门襟，翻折领，较宽松直身型插肩袖。款式图见图7-49。

图7-49 翻折领、插肩袖、较宽松型风衣

2. 规格设计

设男子中间体身高h=170cm，净胸围B*=88cm，内衣厚度=8cm。

L=0.6h+16cm=0.6×170cm+16cm=118cm；

WL=0.25h+3cm=45.5cm；

B=(B*+内衣厚度)+30cm=88cm+8cm+30cm=126cm；

FBL=0.2B+3cm+3.3cm=31.5cm；

S=0.3B+13.2cm=51cm；

N=0.25(B*+内衣厚度)+19cm=43cm；

SL=0.3h+9.8cm+1.2cm(垫肩)=62cm；

CW=0.1(B*+内衣厚度)+7.5cm=17cm。

3. 衣身结构平衡

衣身采用箱形平衡。由于是宽松型衣身，因此前后衣身的浮余量归拢隐藏在前后袖窿之中。后肩缝放出0.7cm内衣厚度影响量。

4. 衣领结构

按α_b=95°，n_b=4cm，m_b=6cm制图。

5. 衣袖结构

后袖中线水平倾斜取42.5°，前袖中线水平倾斜取45°，袖山高取16cm。

6. 翻折领、插肩袖、较宽松型风衣结构制图

详见图7-50。

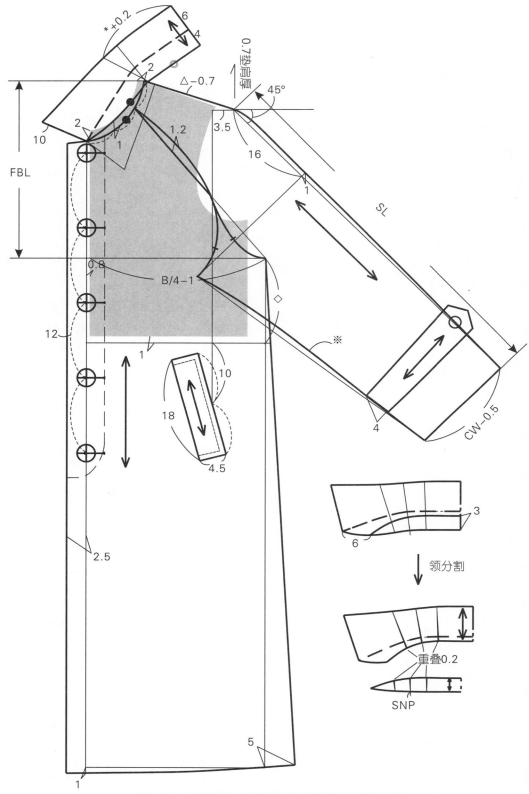

图7-50(a)　翻折领、插肩袖、较宽松型风衣结构制图

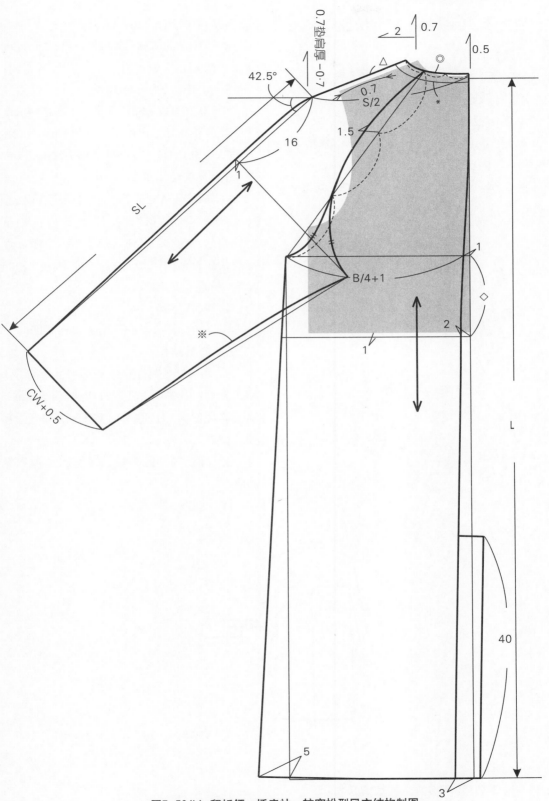

0.7垫肩高-0.7

42.5°

0.7
S/2

SL

16

1

※

CW+0.5

2

0.7

0.5

△

◎

*

1.5

B/4+1

1

1

2

◇

L

40

5

3

图7-50(b) 翻折领、插肩袖、较宽松型风衣结构制图

二、翻折领、圆装袖、较宽松型风衣

1. 款式风格

较宽松型衣身，双排六粒扣，翻折领，较宽松直身型圆装袖。款式图见图7-51。

2. 规格设计

设男子中间体身高h=170cm，净胸围B*=88cm，内衣厚度=8cm。

$L = 0.6h+16cm = 0.6×170cm+14cm = 116cm$；

$WL = 0.25h+3cm = 45.5cm$；

$B = (B*+内衣厚度)+28cm = 88cm+8cm+28cm = 124cm$；

$S = 0.3B+12.8cm = 50cm$；

$N = 0.25(B*+内衣厚度)+19cm = 43cm$；

$SL = 0.3h+9.8cm+1.2cm(垫肩) = 62cm$；

$CW = 0.1(B*+内衣厚度)+7.5cm = 17cm$。

3. 衣身结构平衡

衣身采用箱形平衡。由于是较宽松型衣身，因此可将前衣身的浮余量放在袖窿。后衣身浮余量0.7cm通过后肩缝缩缝，后肩缝放出0.5cm内衣厚度的影响量。后肩斜取22°，前肩斜取18°。

4. 衣领结构

按$\alpha_b = 95°$，$n_b = 4cm$，$m_b = 8cm$制图。

5. 衣袖结构

袖山按较贴体型设计。袖山高取0.8AHL，后袖山斜线取后AH+吃势−0.9cm，前袖山斜线取前AH+吃势−1.2cm，袖身为较弯袖身型。

6. 翻折领、圆装袖、较宽松型风衣结构制图

详见图7-52。

图7-51　翻折领、圆装袖、较宽松型风衣

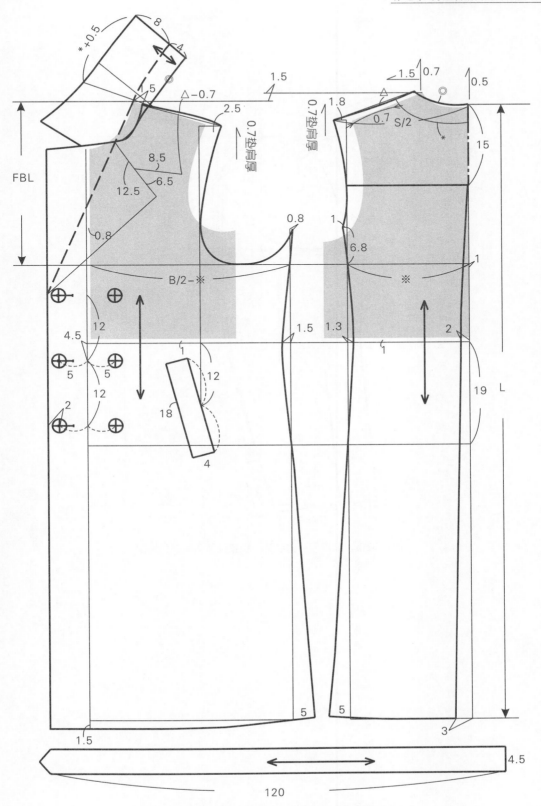

图7-52(a) 翻折领、圆装袖、较宽松型风衣结构制图

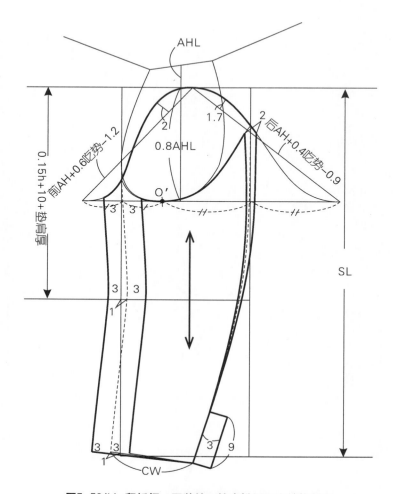

图7-52(b) 翻折领、圆装袖、较宽松型风衣结构制图

三、大翻折领、插肩袖、宽松型风衣

1. 款式风格

宽松型衣身，双排六粒扣，大翻折领，宽松直身型插肩袖。款式图见图7-53。

2. 规格设计

设男子中间体身高h=170cm，净胸围B*=88cm，内衣厚度=8cm。

$L = 0.6h+16cm = 0.6×170cm+14cm=116cm$；

$WL = 0.25h+3cm=45.5cm$；

$B = (B*+内衣厚度)+28cm = 88cm+8cm+34cm=130cm$；

$FBL=0.2B+3cm+3cm=32cm$；

$S = 0.3B+14cm=53cm$；

$N = 0.25 (B*+内衣厚度)+21cm=45cm$；

$SL = 0.3h+11.8cm+1.2cm(垫肩)=64cm$；

$CW = 0.1(B*+内衣厚度)+8.5cm=18cm$。

3. 衣身结构平衡

衣身采用箱形平衡。由于是较宽松型衣身，因此可将前衣身的浮余量转移至袖窿中。后衣身浮余量0.7cm通过后肩缝缩缝，后肩缝放出0.7cm内衣厚度的影响量。

4. 衣领结构

按$\alpha_b=95°$，$n_b=4cm$，$m_b=7cm$制图。

5. 衣袖结构

后袖中线水平倾斜取39.5°，前袖中线水平倾斜取42.5°，袖山高取17cm。

6. 大翻领、插肩袖、宽松型风衣结构制图

详见图7-54。

图7-53 大翻折领、插肩袖、宽松型风衣款式

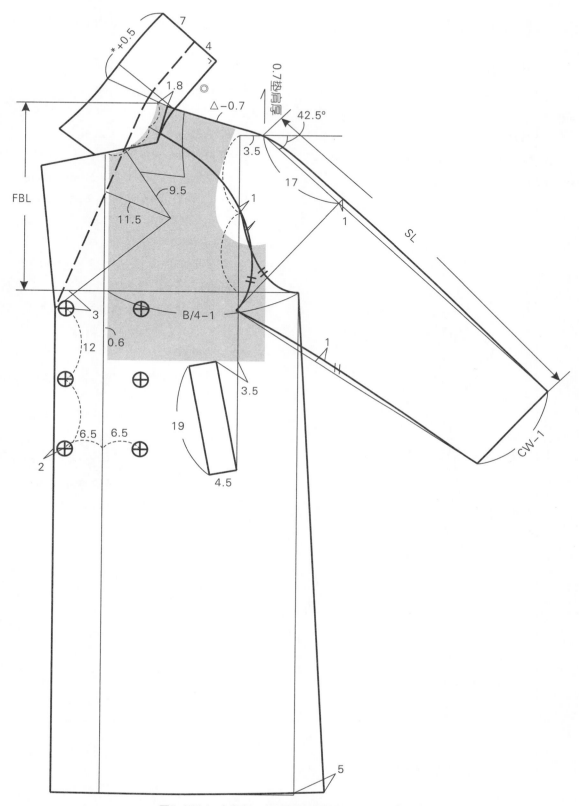

图7-54(a) 大翻领、插肩袖、宽松型风衣结构制图

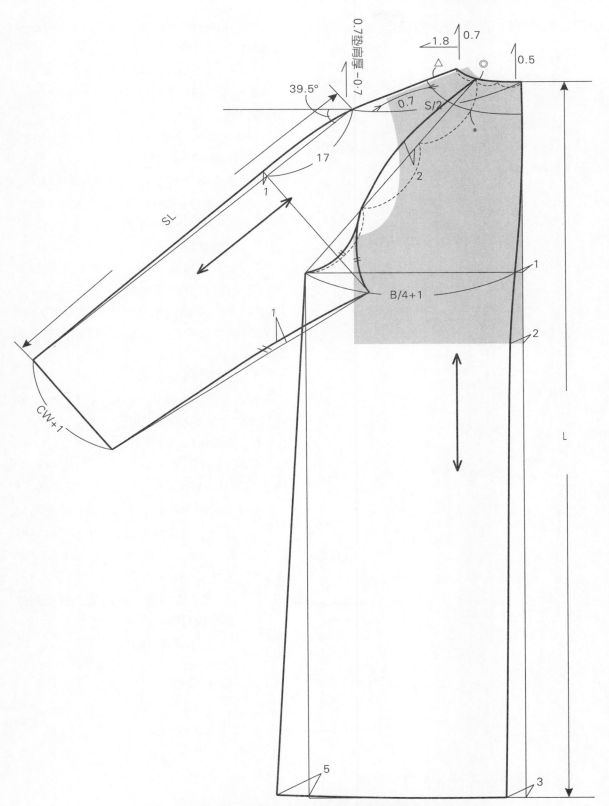

图7-54(b) 大翻领、插肩袖、宽松型风衣结构制图

四、连帽领、落肩袖、宽松型外套

1. 款式风格

宽松型衣身，连帽领，宽松直身型袖。款式图见图7-55。

2. 规格设计

设男子中间体身高h＝170cm，净胸围B*＝88cm，内衣厚度＝6cm。

$L = 0.5h+17cm = 0.5×170cm +17cm = 102cm$；

$WL = 0.25h+1cm = 43.5cm$；

$B = (B*+内衣厚度) +28cm＝88cm+6cm+34cm＝128cm$；

$FBL＝0.2B+3cm+3.4cm＝32m$；

$S = 0.3B+12cm＝51cm$；

$N = 0.25 (B*+内衣厚度)+20.5cm＝44cm$；

$SL = 0.3h+11.8cm+1.2cm (垫肩)＝64cm$；

$CW = 0.1 (B*+内衣厚度)+8.6cm＝18cm$。

3. 衣身结构平衡

衣身采用箱形平衡。由于是宽松型衣身，因此前衣身的浮余量为0。后衣身浮余量0.7cm通过后肩缝缩缝，后肩缝放出0.5cm内衣厚度的影响量。后肩斜取21°，前肩斜取17°。

4. 连帽衣领结构

两片型衣帽，帽高38cm，帽宽23cm，按照较贴体型的连帽衣领制图。

5. 衣袖结构

按宽松型风格袖山和两片袖直身袖，袖山高取0.6AHL，AHL是前、后肩点(SP点)连线的中点至袖窿深线之间的距离。取后袖山斜线长＝后AH+吃势－0.6cm，取前袖山斜线＝前AH+吃势－0.9cm。

6. 连帽领、落肩袖、宽松型外套结构制图

详见图7-56。

图7-55 连帽领、落肩袖、宽松型外套

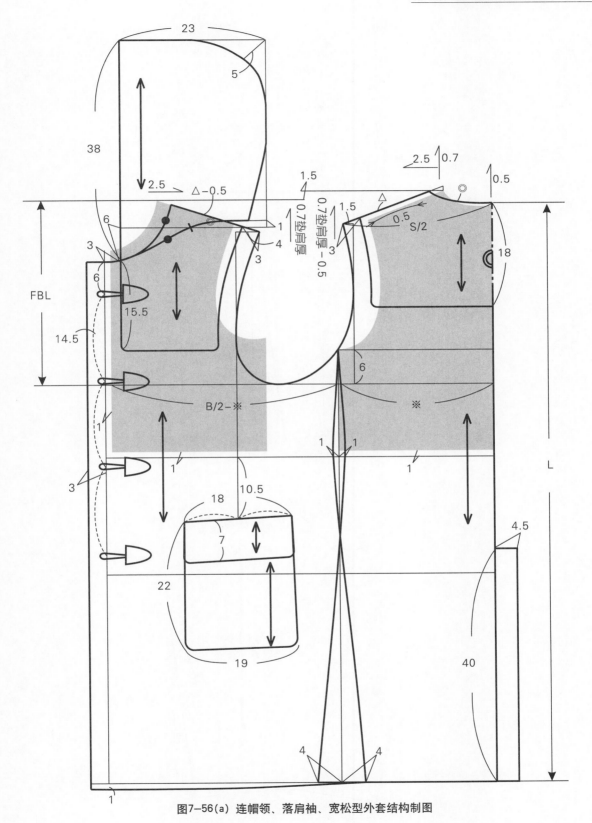

图7-56(a) 连帽领、落肩袖、宽松型外套结构制图

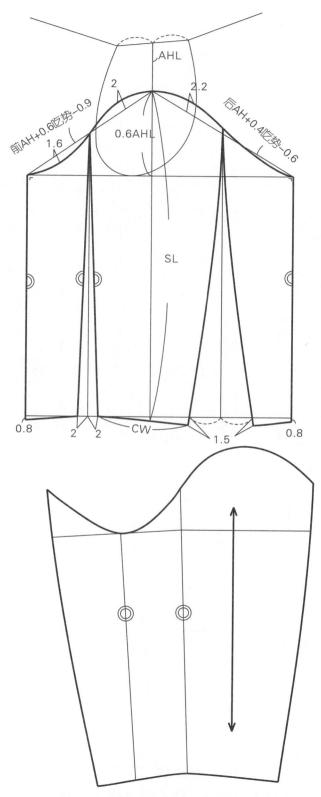

图7-56(b) 连帽领、落肩袖、宽松型外套结构制图

第十节 大衣

一、平驳领、圆装袖、较宽松型大衣

1. 款式风格

较宽松型衣身，单排三粒扣，平驳翻折领，较宽松直身型圆装袖。款式图见图7-57。

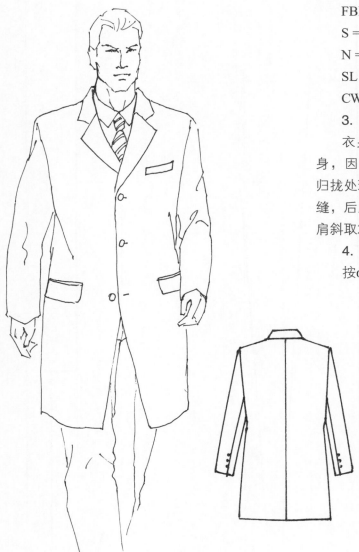

图7-57 平驳领、圆装袖、较宽松型大衣

2. 规格设计

设男子中间体身高h=170cm，净胸围B*=88cm，内衣厚度=8cm。

L = 0.6h+16cm = 0.6×170cm+8cm = 110cm；

WL = 0.25h+3cm = 45.5cm；

B = (B*+内衣厚度) +28cm = 88cm+8cm+28cm=124cm；

FBL=0.2B+3cm+2.2cm=30cm；

S = 0.3B+12.8cm=50cm；

N = 0.25 (B*+内衣厚度) +19cm = 43cm；

SL = 0.3h+9.8cm+1.2cm (垫肩) = 62cm；

CW = 0.1 (B*+内衣厚度)+7.5cm=17cm。

3. 衣身结构平衡

衣身采用箱形平衡。由于是较宽松型衣身，因此可将前衣身的浮余量转移至袖窿作归拢处理。后衣身浮余量0.7cm通过后肩缝缩缝，后肩缝放出0.5cm内衣厚度的影响量。后肩斜取22°，前肩斜取18°。

4. 衣领结构

按α_b=95°，n_b=4cm，m_b=6cm制图。

5. 衣袖结构

袖山按较贴体型设计。袖山高取0.8AHL，后袖山斜线取后AH+吃势 − 0.9cm，前袖山斜线取前AH+吃势 − 1.2cm，袖身为较弯袖身型。

6. 平驳领、圆装袖、较宽松型大衣结构制图

详见图7-58。

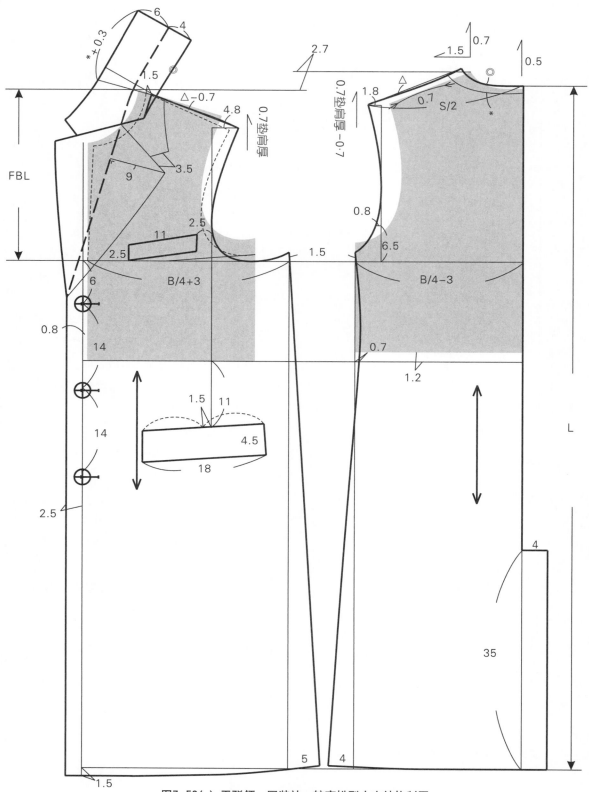

图7-58(a) 平驳领、圆装袖、较宽松型大衣结构制图

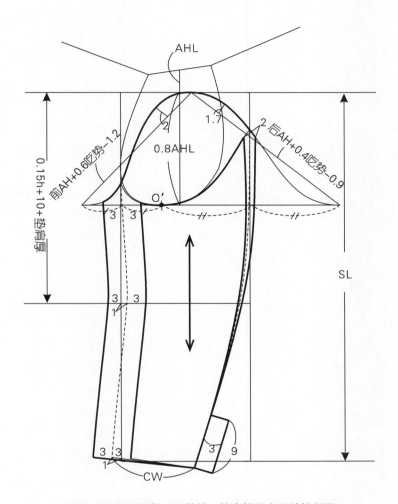

AHL

0.15h+10+垫肩厚

前AH+0.6吃势-1.2

2

1.7

0.8AHL

2 后AH+0.4吃势-0.9

O'

3 3

3 3

SL

3 3
1

3 3
1

3 9

CW

图7-58(b) 平驳领、圆装袖、较宽松型大衣结构制图

二、戗驳领、圆装袖、较宽松型大衣

1. 款式风格

较宽松型衣身，双排六粒扣，戗驳翻折领，较宽松直身型圆装袖。款式图见图7-59。

2. 规格设计

设男子中间体身高h=170cm，净胸围B*=88cm，内衣厚度=8cm。

L= 0.6h+16cm =0.6×170cm+12cm=114cm；

WL = 0.25h+3cm = 45.5cm；

B = (B*+内衣厚度) +28cm = 88cm+8cm+28cm=124cm；

FBL = 0.2B+3cm+2.2cm=30cm；

S = 0.3B+12.8cm=50cm；

N = 0.25 (B*+内衣厚度) +19cm = 43cm；

SL = 0.3h+9.8cm+1.2cm (垫肩)=62cm；

CW = 0.1(B*+内衣厚度) +7.5cm=17cm。

3. 衣身结构平衡

衣身采用箱形平衡。由于是较宽松型衣身，将前衣身的浮余量作撇胸处理。后衣身浮余量0.7cm通过后肩缝缩缝，后肩缝放出0.5cm内衣厚度的影响量。

4. 衣领结构

按α_b=95°，n_b=4cm， m_b=6cm制图。

5. 衣袖结构

袖山按较贴体型设计。袖山高取0.8AHL，后袖山斜线取后AH+吃势 − 0.9cm，前袖山斜线取前AH+吃势 − 1.2cm，袖身为较弯袖身型。

6. 戗驳领、圆装袖、较宽松型大衣结构制图

详见图7-60。

图7-59 戗驳领、圆装袖、较宽松型大衣

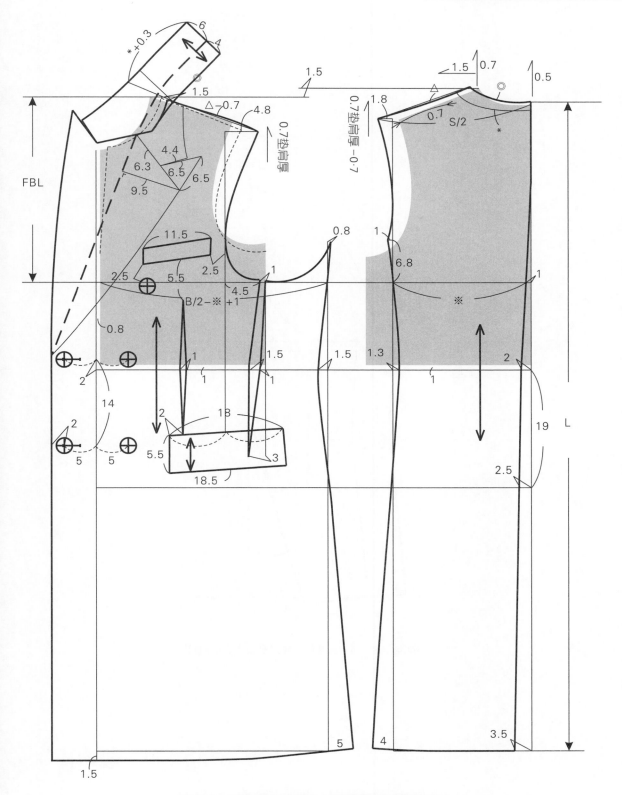

图7-60(a) 戗驳领、圆装袖、较宽松型大衣结构制图

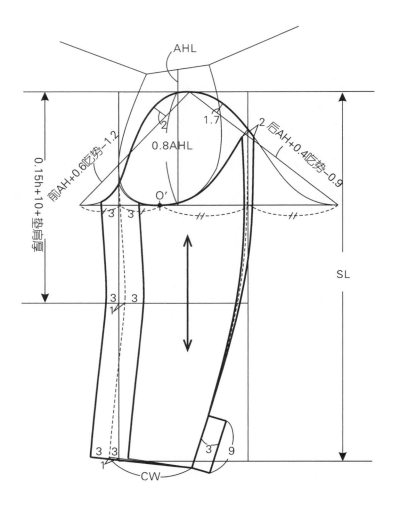

图7-60(b)　戗驳领、圆装袖、较宽松型大衣结构制图

第八章　男裤结构设计原理与实例

第一节　男裤结构种类和设计原理

一、男裤结构种类

(一)按臀围的宽松量分类

(1)贴体类型裤：臀围的宽松量为0～6cm，如游泳裤和内衬裤。

(2)较贴体类型裤：臀围的宽松量为6～12cm，如无裥裤和牛仔裤等。

(3)较宽松类型裤：臀围的宽松量为12～18cm，如一裥裤、二裥裤。

(4)宽松类型裤：臀围的宽松量为18cm以上，如二裥裤、三裥裤和萝卜形裤。

(二)按裤子的长度分类

(1)超短裤：裤长≤0.3h－(10～12)cm，如内衬裤和平脚裤。

(2)短裤：裤长0.3h－(6～10)cm或0.3h+5cm，如男短西裤。

(3)中裤：裤长0.4h+5cm～0.5h，如沙滩裤。

(4)长裤：裤长0.5h+10cm～0.6h+2cm。

(三)按裤脚口大小分类

(1)瘦脚裤：裤口量≤0.2H–3cm

(2)直筒裤：裤口量=0.2H～0.2H+5cm，裤脚口和中档尺寸相同。

(3)喇叭裤：裤口量>0.2H～0.2H+5cm

二、男裤结构设计原理

人体的腹臀部和大、小腿部是复杂的曲面体，裤子须包覆在人体的这些部位上，裤子结构不仅必须满足人体腹部、臀部形态，还应满足下肢在静态和动态的变形需要。因此应深入研究裤子与人体的关系和变化规律。

(一)裤子结构与人体静态的关系

裤子结构与人体静态特征之间的关系，反映在前裤片覆合于人体的腹部及前下裆，后裤片覆合于人体的臀部及后下裆。裤子的上裆与人体裆底间有少量的松量。前后上裆的倾角与人体都有一定的对应关系。裤子臀围松量分配一般为前部占30%，裆宽部占30%，后部占40%。

(二)裤子结构与人体动态的关系

人体运动时体表形态发生变化会引起裤子的变形。在同样材料、同样松量的条件下，裤子结构不同变形量也就不同。斜料比横、直料变形量大。另外人体在运动时，因内层与外层裤子的摩擦力不同其变形量亦不同。

由于人体的臀部非常丰满，它在运动时必然会使围度增加，因此裤子主要是解决好臀围的松量问题。臀部在做90°运动时平均增加量是4cm，再考虑材料的弹性，因此臀围的最小放松量为：4cm－弹性伸长量。

1. 裤装基本松量设计

腰围松量为0～2cm；臀围松量为≥4cm－弹性伸长量；上裆松量为：0~3cm－弹性伸长量。

2. 后上裆垂直倾斜角

宽松裤类0°～5°；较宽松裤类5°～10°；较贴体裤类10°～15°；贴体裤类15°～20°。

3．后上裆增量

宽松裤类为2～3cm；较宽松裤类为1～2cm；较贴体裤类为0～1cm；贴体裤类为0cm。

(三)裤前上裆部结构处理

裤前上裆部的结构设计要注意静态时的合体性。因人体前腹部呈弧形，故须在裤前上裆前部增加垂直倾斜角。

前上裆垂直倾斜角基本上是前上裆腰围处撇去量大约1cm左右。如在腰部不收褶裥时，要处理好腰臀差，该撇量要≤2cm。

(四)裤子下裆缝结构处理

裤子下裆缝前后片夹角的增大与减小是影响臀部以下裤子造型的直接因素。下裆前后片增大，裤子横裆量减小，裤子合体性好，当然舒适性相应降低。因此裤子下裆缝结构处理要视裤子款式而定。

第二节　男裤结构设计实例

一、三裥宽松型男西裤

1．款式风格

在裤前片腰口有三个褶裥，裤身宽松型。款式图见图8-1。

2．规格设计

根据国家服装号型标准规定，男子标准体身高h=170cm，净腰围W*=74cm，净臀围H*=90cm。

TL=0.6h=102cm；

W=W*+2cm=76cm；

H=H*+22cm=112cm；

BR=TL/10+H/10+9.6cm=31cm；

SB=0.2H+2cm=24cm。

3．三裥宽松型男西裤结构制图

详见图8-2。

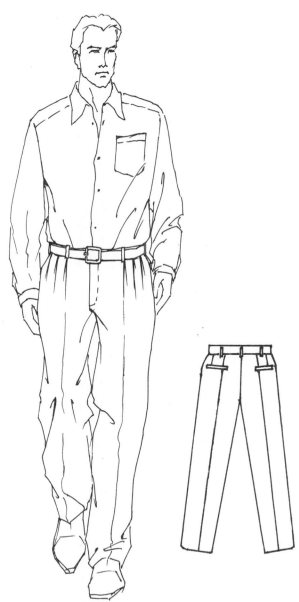

图8-1　三裥宽松型男西裤款式

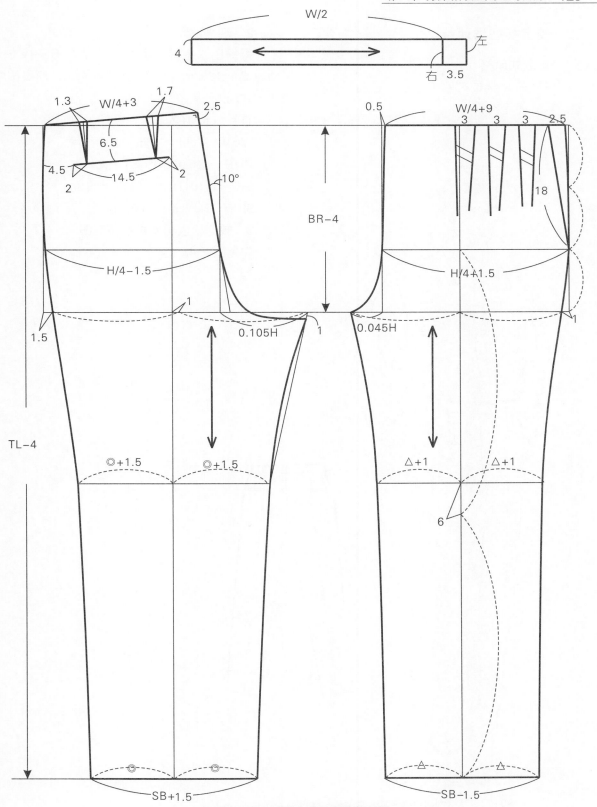

图8-2 三裥宽松型男西裤结构制图

二、较宽松型男西裤

1. 款式风格

在裤前片腰口有两个褶裥，裤身较宽松型。款式图见图8-3。

2. 规格设计

根据国家服装号型标准规定，男子标准体身高h=170cm，净腰围W*=74cm，净臀围H*=90cm。

TL=0.6h=102cm；

W=W*+2cm=76cm；

H=H*+15cm=105cm；

BR=TL/10+H/10+8.3cm=29cm；

SB=0.2H+2cm=23.6cm。

3. 较宽松型男西裤结构制图

详见图8-4。

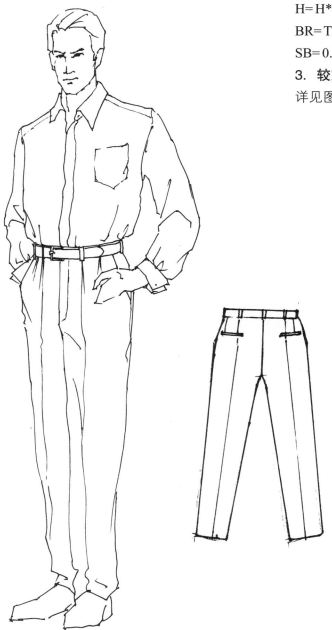

图8-3 较宽松型男西裤款式

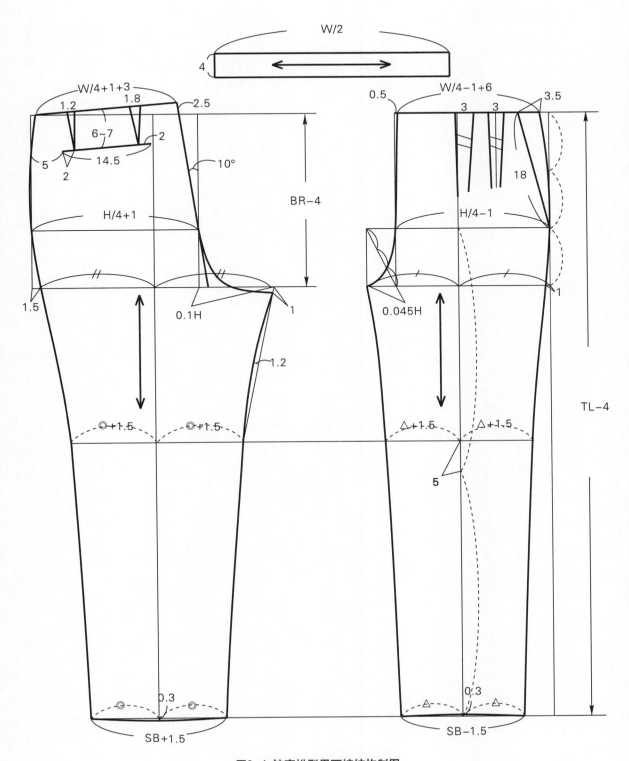

图8-4 较宽松型男西裤结构制图

三、较贴体型男西裤

1. 款式风格

在裤前片腰口有一个褶裥，裤身较贴体型。款式图见图8-5。

2. 规格设计

根据国家服装号型标准规定，男子标准体身高h=170cm，净腰围W*=74cm，净臀围H*=90cm。

TL=0.6h=102cm；

W=W*+2cm=76cm；

H=H*+12cm=102cm；

BR=TL/10+H/10+7.6cm=28cm；

SB=0.2H+3cm=23.4cm。

3. 较贴体型男西裤结构制图

详见图8-6。

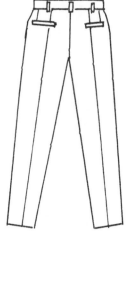

图8-5 较贴体型男西裤款式

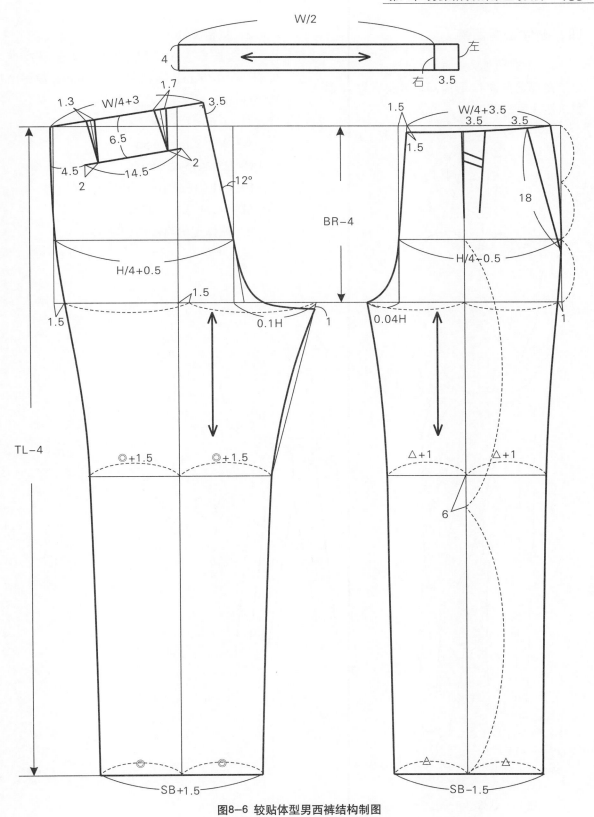

图8-6 较贴体型男西裤结构制图

四、贴体型男西裤

1. 款式风格

在裤前片腰口无褶裥，裤身很贴体型。款式图见图8-7。

2. 规格设计

根据国家服装号型标准规定，男子标准体身高h=170cm，净腰围W*=74cm，净臀围H*=90cm。

TL=0.6h=102cm；

W=W*+2cm=76cm；

H=H*+8cm=98cm；

BR=TL/10+H/10+7cm=27cm；

SB=0.2H+3cm=22.6cm。

3. 贴体型男西裤结构制图

详见图8-8。

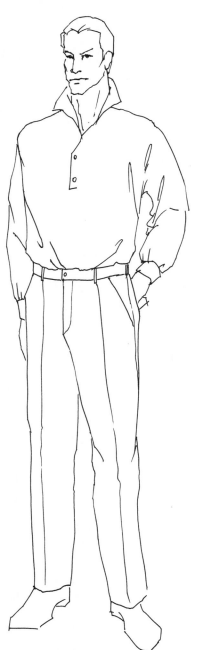
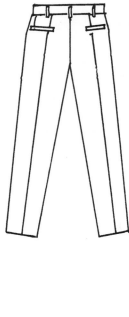

图8-7 贴体型男西裤款式

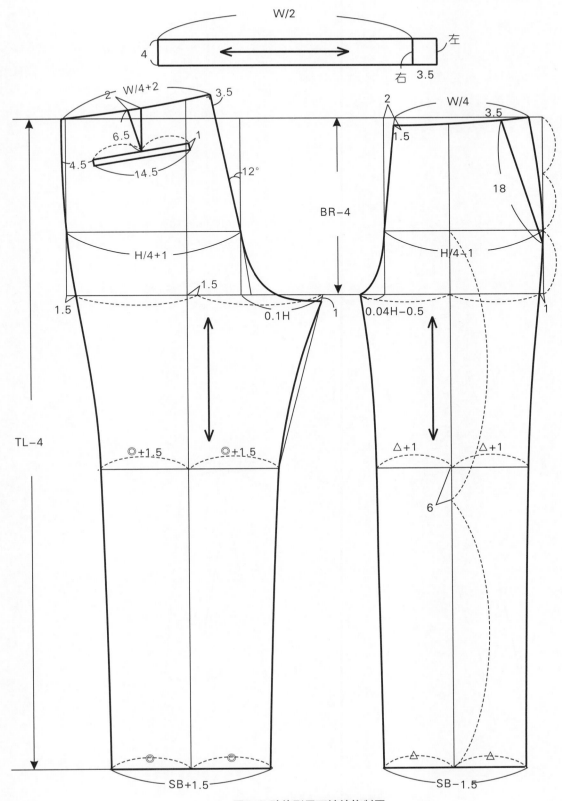

图8-8 贴体型男西裤结构制图

五、牛仔裤

1. 款式风格

在裤前片腰口无褶裥，后裤片腰省转移至中臀斜向分割线，裤身很贴体型。款式图见图8-9。

2. 规格设计

根据国家服装号型标准规定，男子标准体身高h=170cm，净腰围W*=74cm，净臀围H*=90cm。

TL=0.6h=102cm；

W=W*=74cm；

H=H*+4cm=94cm；

BR=TL/10+H/10+5.4cm=25cm；

SB=0.2H+3cm=21.8cm。

3. 牛仔裤结构制图

详见图8-10。

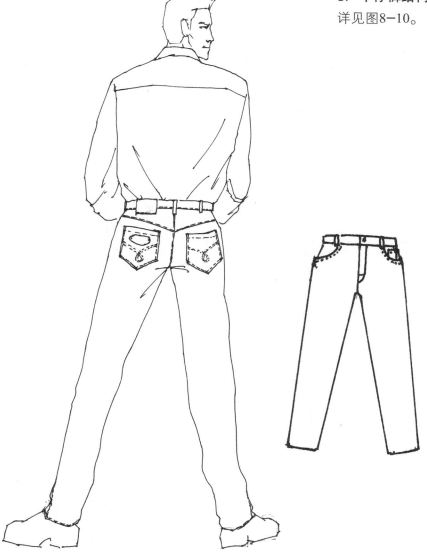

图8-9 牛仔裤款式

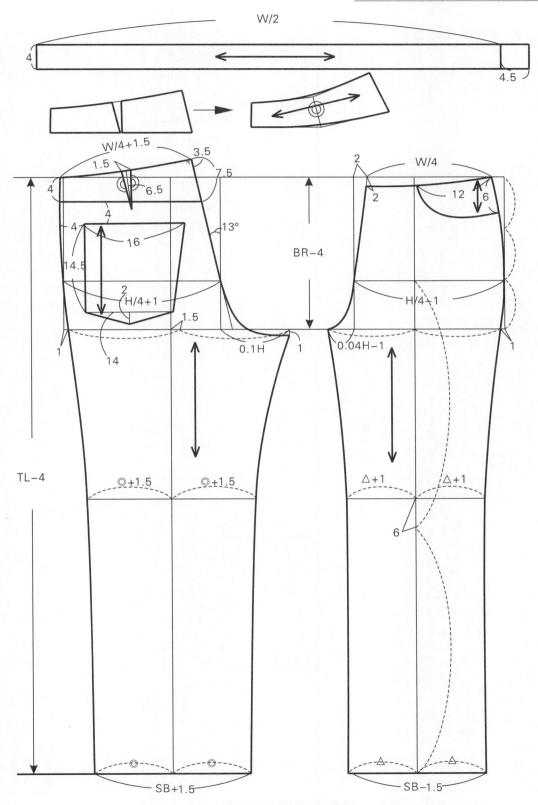

图8-10 牛仔裤结构制图

六、较宽松型男短西裤

1. 款式风格

在裤前片腰口有两个褶裥，裤身为较宽松型。款式图见图8–11。

2. 规格设计

根据国家服装号型标准规定，男子标准体身高h=170cm，净腰围W*=74cm，净臀围H*=90cm。

TL=0.3h−6cm=45cm；

W=W*+2cm=76cm；

H=H*+14cm=104cm；

BR=H/4+3cm=29cm；

SB=0.2H+7.2cm=28cm。

3. 较宽松型男短西裤结构制图

详见图8–12。

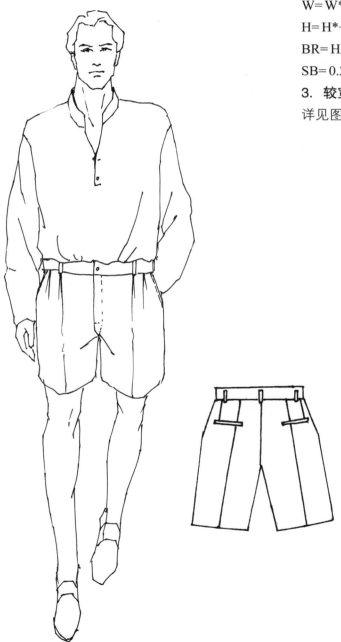

图8–11 较宽松型男短西裤款式

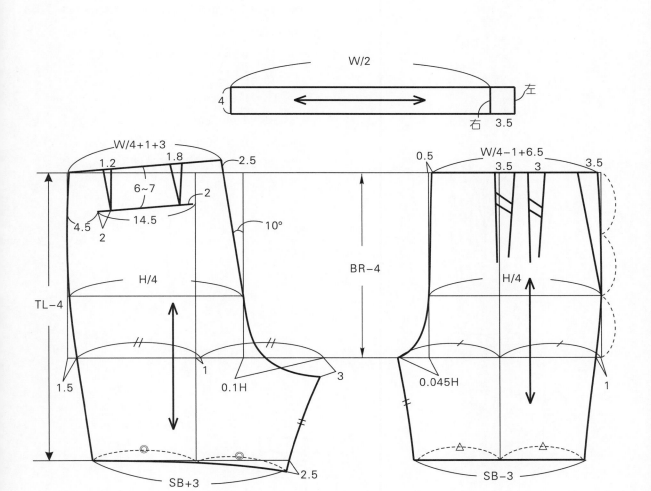

图8-12 较宽松型男短西裤结构制图

七、较贴体型男短西裤

1. 款式风格

在裤前片腰口有一个褶裥，裤身为较贴体型。款式图见图8-13。

2. 规格设计

根据国家服装号型标准规定，男子标准体身高h=170cm，净腰围W*=74cm，净臀围H*=90cm。

TL＝0.3h-6cm＝45cm；

W＝W*+2cm＝76cm；

H＝H*+10cm＝100cm；

BR＝H/4+3cm＝28cm；

SB＝0.2H+6cm＝26cm。

3. 较贴体型男短西裤结构制图

详见图8-14。

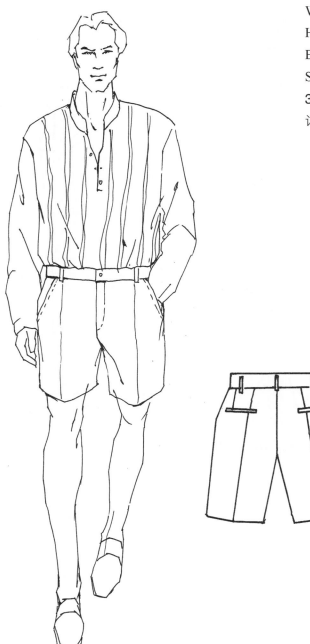

图8-13 较贴体型男短西裤款式

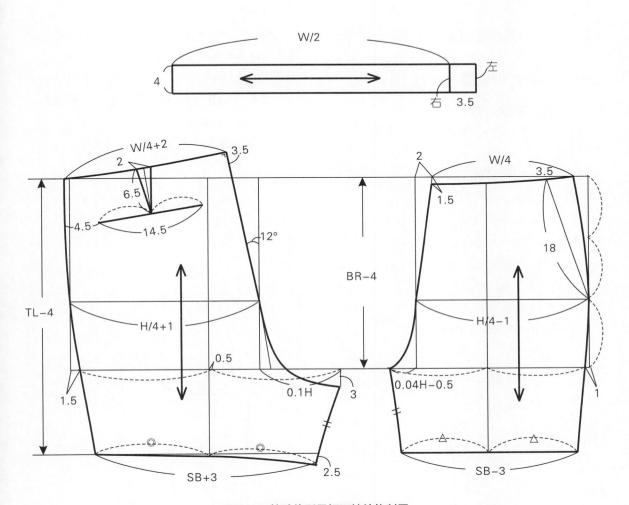

图8-14 较贴体型男短西裤结构制图

第九章　男装纸样放缝与排料

第一节　男西装纸样放缝与排料

（一）经典男西装纸样放缝与排料

1. 男西装款式图

款式风格：较贴体型衣身、平驳领、两粒纽扣，见图9-1。

2. 成品规格设计

设 h=170cm、B*=88cm；

L=0.4h+8cm=76cm；

WL=0.25h=42.5cm；

B=(B*+内衣厚度)+15cm=104cm；

B—W=12cm；

H—B=6cm；

S=0.3B+13.8cm=45cm；

N=0.25(B*+内衣厚度)+18.5cm=88cm+2cm+18.5cm=41cm；

SL=0.3h+7.8cm+1.2cm(垫肩厚)=60cm；

CW=0.1(B*+内衣厚度)+4.5cm=13.5cm。

3. 结构制图

衣身、衣领和衣袖结构制图见图9-2。

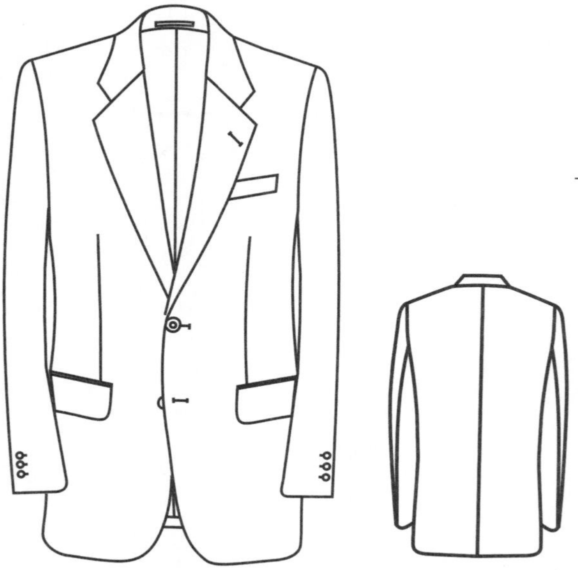

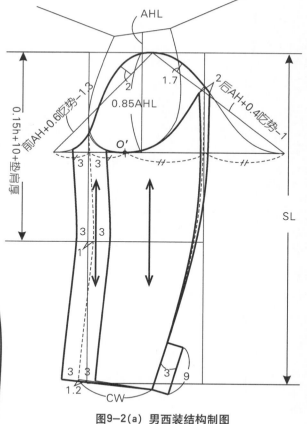

图9-2(a) 男西装结构制图

图9-1 男西装款式

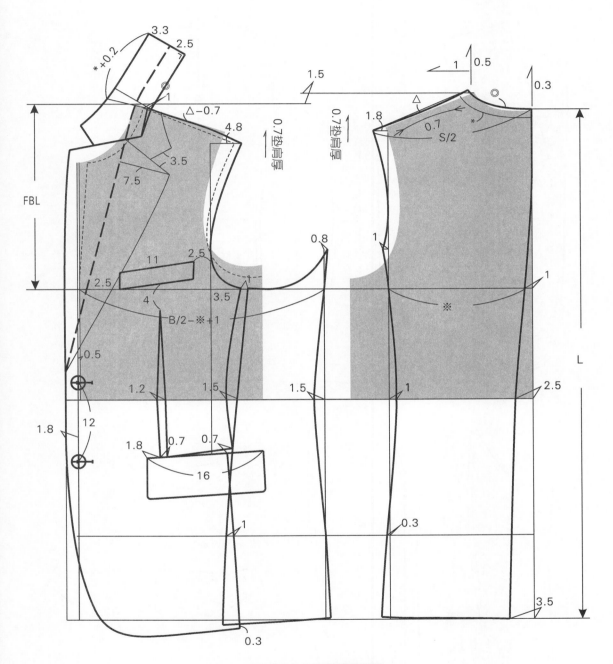

图9-2(b) 男西装结构制图

4. 纸样放缝

衣身、衣领和衣袖的纸样放缝图见图9-3。

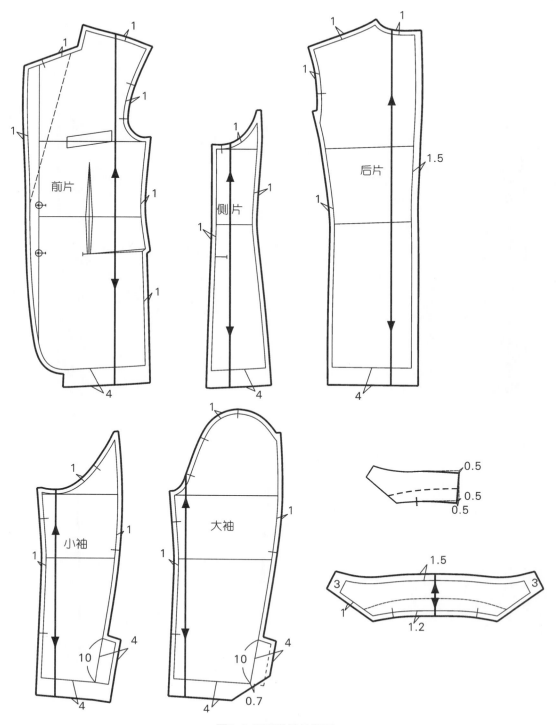

图9-3 男西装结放缝图

5. 挂面、耳朵片、夹里和辅料结构

(1)挂面和耳朵片结构，见图9-4。

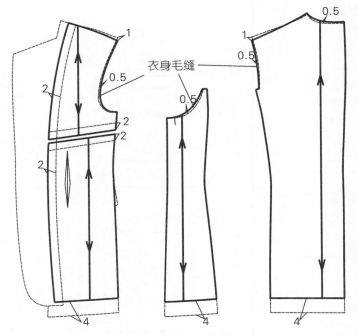

图9-4 挂面和耳朵片结构图

(2)夹里结构见图9-5，图中的实线部分为夹里结构。

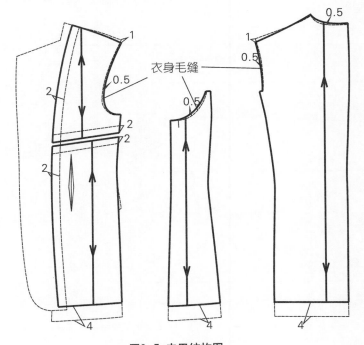

图9-5 夹里结构图

(3)辅料结构包括袋盖、袋口嵌条、手巾袋、里袋口嵌条、大袋垫布、胸袋垫、里袋袋布、大袋袋布、胸袋布和三角里袋盖,详见图9-6。

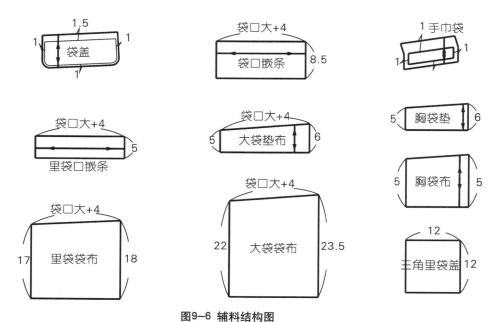

图9-6 辅料结构图

6. 裁剪排料图

裁剪排料见图9-7。

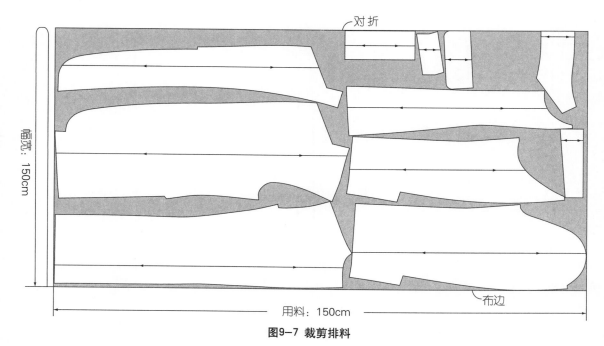

图9-7 裁剪排料

（二）有背衩男西服的后衣身纸样放缝

(1)有背衩的后衣身结构，见图9-8。

(2)有背衩的后衣身结构纸样放缝，见图9-9。

(3)图9-10为有背衩的后衣片夹里的结构纸样图。

(4)图9-11是后衣片的衬料结构图和打线钉的部位图示。衬料部位是：后领口衬，宽2.5cm；后袖窿衬，宽2.5cm；下摆贴边衬和背衩衬，过净缝线1cm。

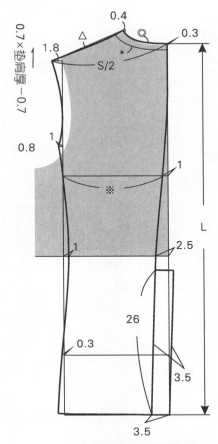

图9-8 有背衩的后衣身结构图

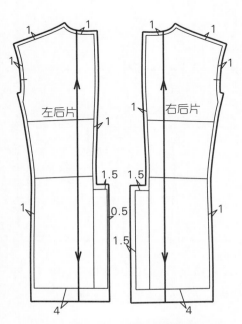

图9-9 有背衩的后衣身结构纸样放缝

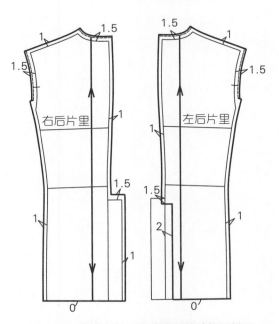

图9-10 有背衩的后衣片夹里的结构纸样图

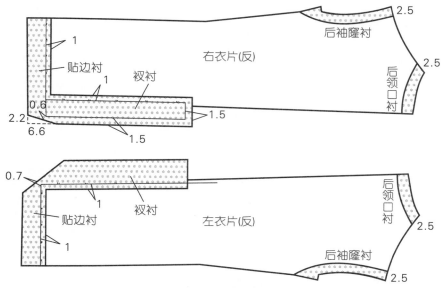

图9-11 后衣片的衬料结构图和打线钉的部位图示

（三）有侧缝衩(摆衩)男西服的后衣身纸样放缝

（1）有侧缝衩（摆衩）的衣身结构见图9-12。

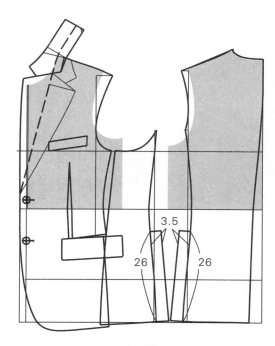

图9-12 有侧缝衩(摆衩)的衣身结构

(2)有侧缝衩(摆衩)前后衣片的放缝见图9-13。

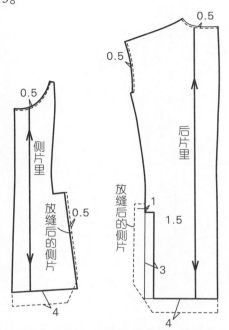

图9-13 有侧缝衩(摆衩)前后衣片的放缝

(3)有侧缝衩(摆衩)前后片夹里结构见图9-14。

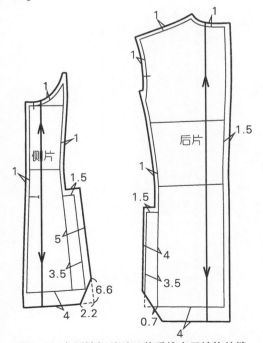

图9-14 有侧缝衩(摆衩)前后片夹里结构放缝

(4)有侧缝衩(摆衩)的衬料结构见图9-15。

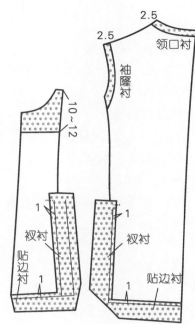

图9-15 有侧缝衩(摆衩)的衬料结构

第二节　西装马甲纸样放缝

1. 西装马甲款式图

款式风格：贴体型衣身，后衣片用里布，见图9-16。

2. 成品规格设计

设h=170cm，B*=88cm。

L＝0.3h+5cm＝56cm；

WL＝0.25h+2.5cm＝46cm；

B＝(B*+内衣厚度)+6cm＝96cm；

B－W＝12cm；

N＝0.25(B*+内衣厚度)+18.5cm＝41cm。

3. 结构制图

前后衣身结构制图见图9-17。

图 9-16 西装马甲款式

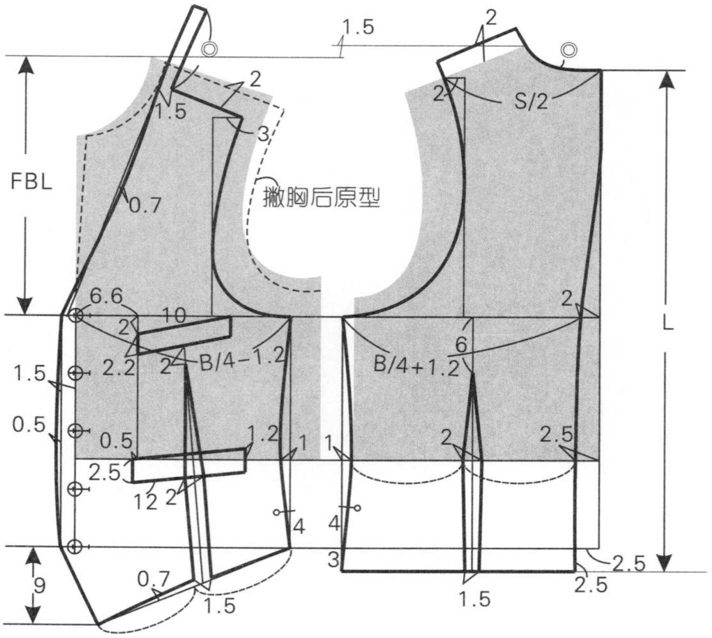

图 9-17 前后衣身结构制图

4. 纸样放缝

衣身纸样放缝图见图9-18。

5. 挂面和衬料结构

(1)挂面结构见图9-19。

(2)前片夹里结构见图9-20。

(3)衬料结构见图9-21。

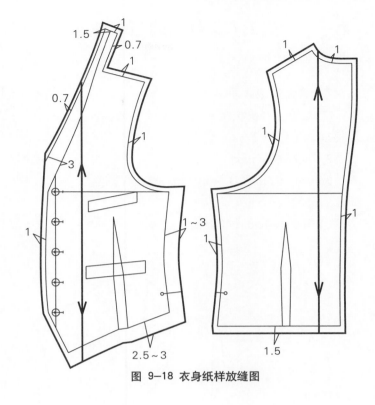

图 9-18 衣身纸样放缝图

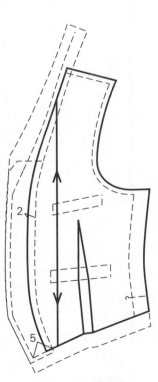

图 9-19 挂面结构   图 9-20 前片夹里结构

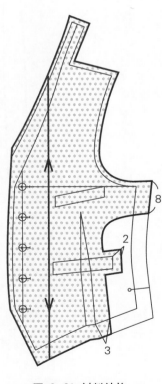

图 9-21 衬料结构

第三节　男大衣纸样放缝与排料

1. 男大衣款式图

款式风格：宽松型衣身、尖领翻驳头、斜插袋，见图9-22。

2. 成品规格设计

设h=170cm，B*=88cm，内衣厚度=8cm。

L = 0.6h+14cm = 116cm；

WL = 0.25h+3cm = 45.5cm；

B = (B*+内衣厚度)+22cm = 118cm；

B − W = 10cm；

H − B = 16cm；

S = 0.3B+15.6cm = 51cm；

N = 0.25(B*+内衣厚度)+21.5cm = 45cm；

SL = 0.3h+10cm+1cm(垫肩厚) = 62cm；

CW = 0.1(B*+内衣厚度)+8.6cm = 18cm。

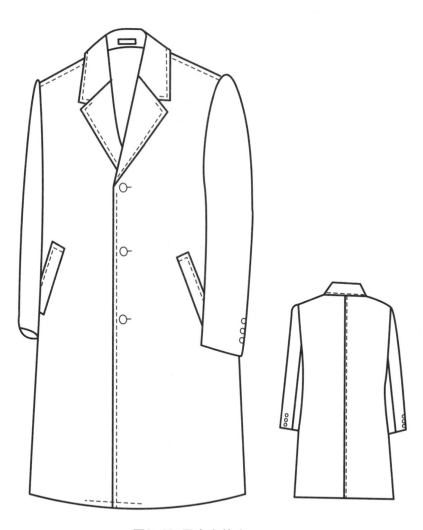

图9-22 男大衣款式

3. 结构制图

衣身、衣领和衣袖结构制图见图9-23。

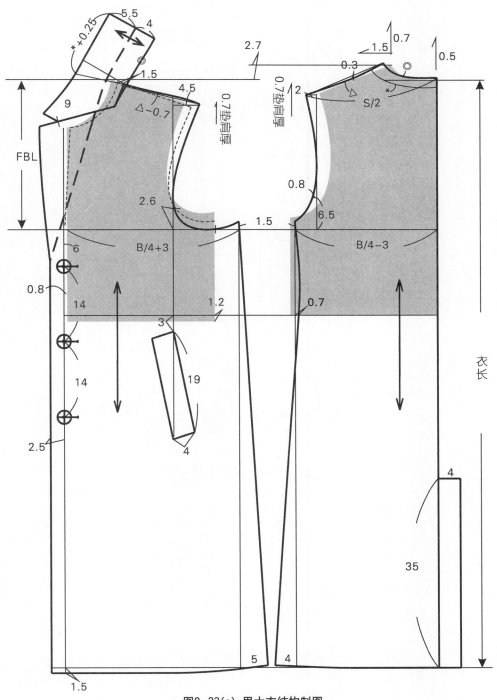

图9-23(a) 男大衣结构制图

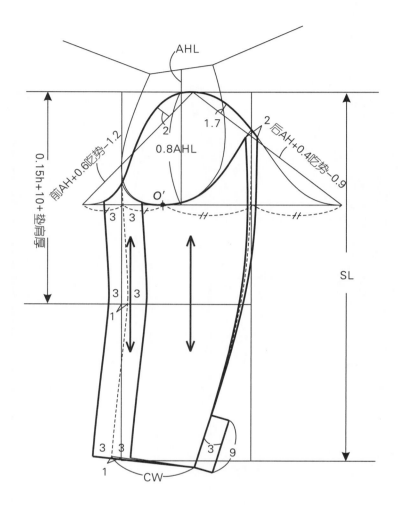

图9-23(b) 男大衣结构制图

4. 纸样放缝

衣身、衣领和衣袖的纸样放缝见图9—24。

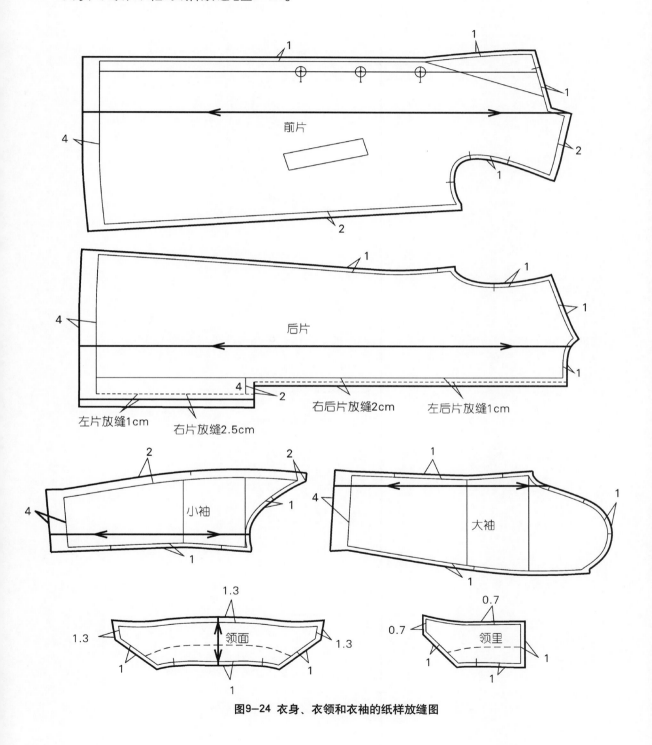

图9-24 衣身、衣领和衣袖的纸样放缝图

5.挂面和辅料结构图

(1)挂面结构图，见图9-25。

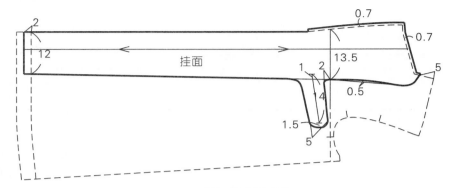

图9-25 挂面结构

(2)辅料结构图。

①袋盖、袋布、袋垫布，见图9-26。

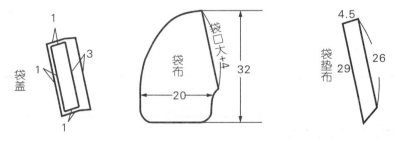

图9-26 袋盖、袋布、袋垫布

②滚边条。滚边条用里料剪成45°斜料，见图9-27。

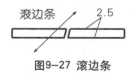

图9-27 滚边条

③里袋布，见图9-28。

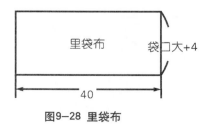

图9-28 里袋布

6. 夹里结构图

(1)前片夹里结构，见图9−29。

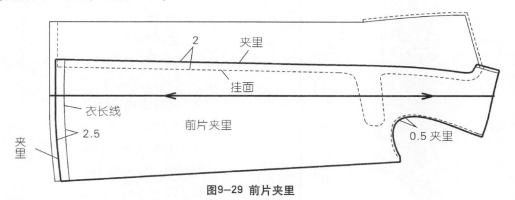

图9−29 前片夹里

(2)后片夹里结构，见图9−30。

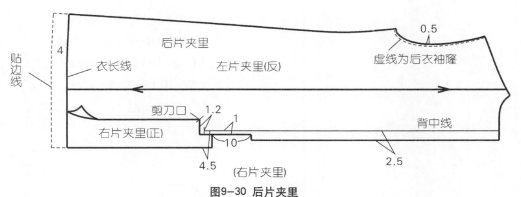

图9−30 后片夹里

(3)大袖片、小袖片夹里结构，见图9−31。

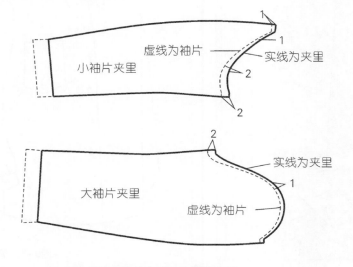

图9−31 大袖片夹里、小袖片夹里

7．裁剪排料图

见图9-32。

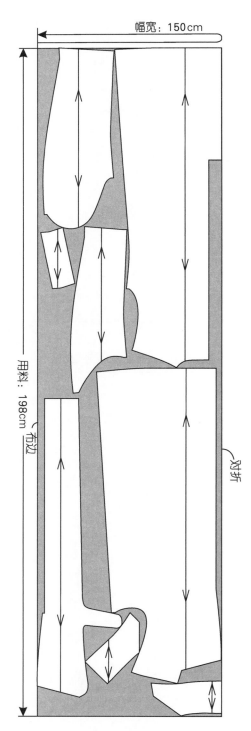

图9-32 排料图

第四节   男衬衫纸样放缝与排料

1．男衬衫的款式图

款式风格：较贴体型衬衫，直身型一片袖，翻立领，款式图见图9-33。

2．成品规格设计

设h＝170cm、B*＝88cm；

L＝0.4h+7cm＝75cm；

WL＝0.25h＝42.5cm；

B＝B*+16cm＝104cm；

B－W＝4cm；

H＝B；

S＝0.3B+15cm＝46cm；

N＝0.25B*+19cm＝42cm；

SL＝0.3B+9cm＝60cm；

CW＝0.1B+2cm＝12cm。

3．结构制图

详见图9-34。

图9-33 男衬衫的款式

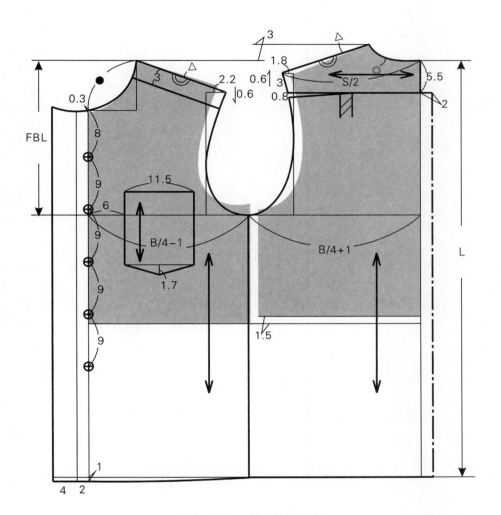

图9-34(a) 男衬衫结构制图

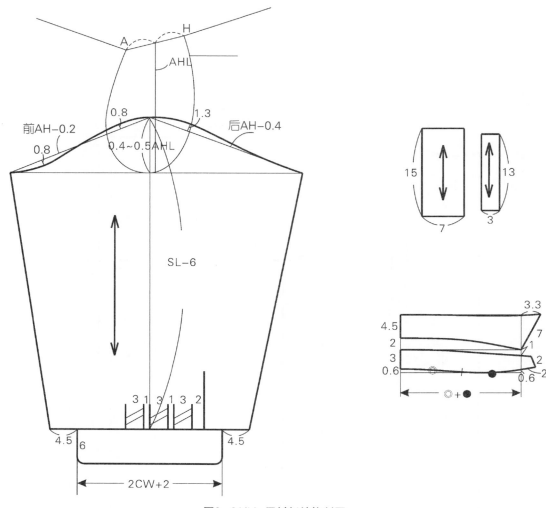

图9-34(b) 男衬衫结构制图

4. 纸样放缝

(1)图9-35是肩覆势、前后衣片、胸袋和
领子纸样放缝的要求。

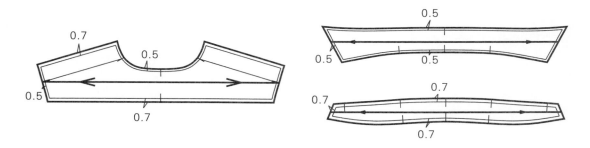

图9-35(a) 肩覆势、前后衣片、胸袋和领子纸样放缝

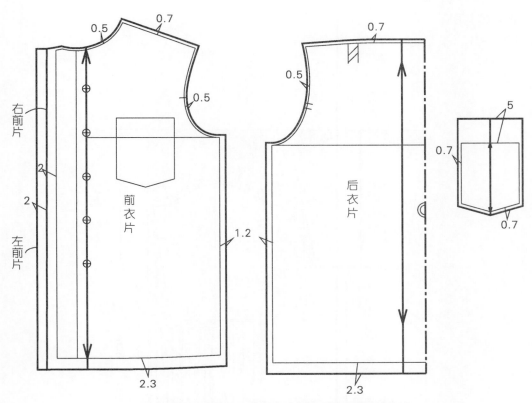

图9-35(b) 肩覆势、前后衣片、胸袋和领子纸样放缝

(2)图9-36是袖子纸样放缝的要求。

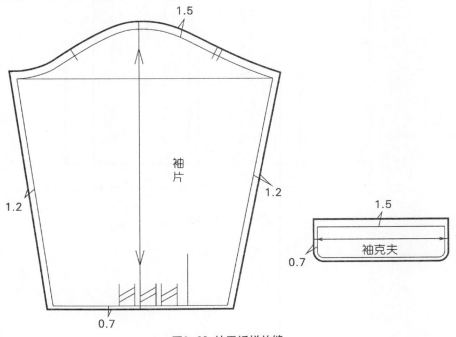

图9-36 袖子纸样放缝

5. 裁剪排料图

详见图9−37。

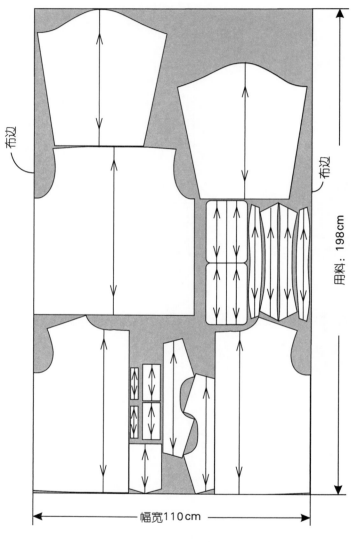

图9−37(a)排料图

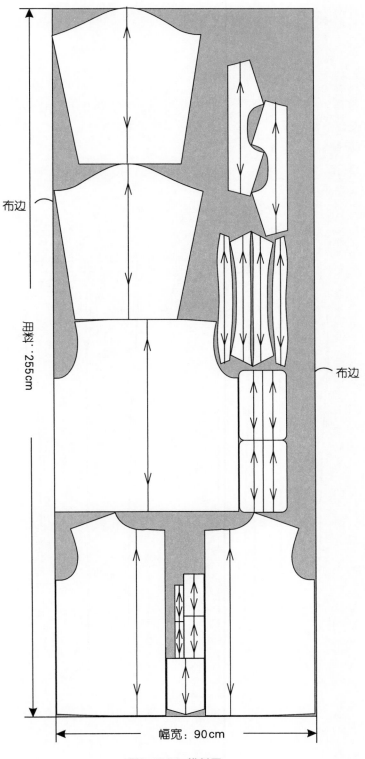

布边

用料：255cm

布边

幅宽：90cm

图9-37(b) 排料图

第五节　男西裤纸样放缝与排料

1. 男西裤款式图

较宽松型二褶裤，款式图见图9-38。

2. 成品规格设计

设h=170cm，W*=74cm。

TL = 0.6h = 102cm；

W = W*+2cm = 76cm；

H = H*+12cm = 104cm；

BR = TL/10+H/10+8.4cm = 29cm；

SB = 0.2H+4cm = 24cm。

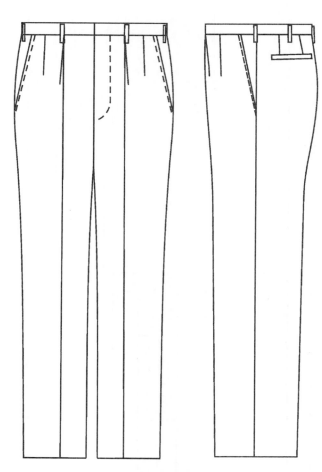

图9-38 男西裤款式

3. 结构制图

详见图9-39。

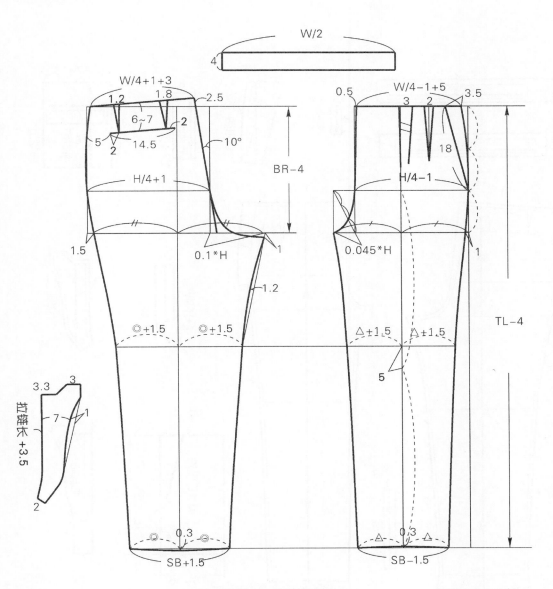

图9-39 男西裤结构制图

4. 纸样放缝和辅料规格尺寸

详见图9-40。

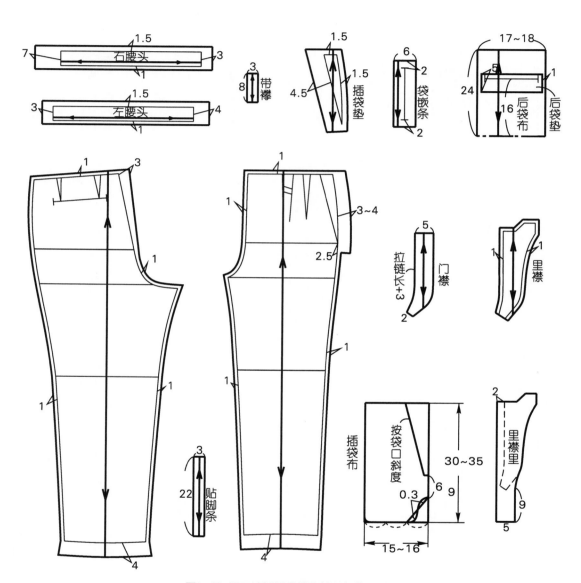

图9-40 男西裤纸样放缝和辅料规格尺寸

5. 裁剪排料图

详见图9-41。

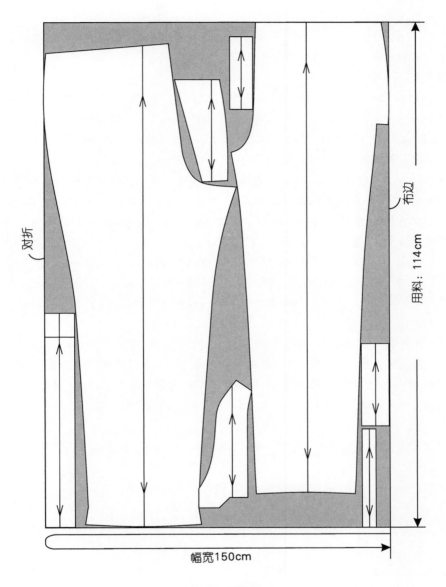

对折

布边

用料：114cm

幅宽150cm

图9-41 排料图

参考文献

[1] Li Xinggang，Li jun. Study On Pattern Design of Men's Tailored-suit Sleeve[J]. 上海：东华大学学报（英文版），2000(4)：34-39.

[2] Li Xinggang，Shen Weigin. Analysis of the Variations of Body Build of Middle-and Old-aged and Research on the Prototype[J]. 上海：东华大学学报（英文版），2000(4)：61-65.

[3] Li Xinggang，Li Yuanhong. Study on Men's Jacket Tailoring in the Modern Production[J]. 上海：东华大学学报（英文版），2002 (4)：102-107.

[4] Li Xinggang，Li Yuanhong，Su Tongyue. Study of Un-Added Allowance of Draping-Planar Designing Garment Prototype for Young Ladies[J]. 上海：东华大学学报（英文版），2003(4)：36-40.

[5] Li Xinggang，Zhu Yaoting. Analysis of the System of Wavy and Ring Deformation in Draping[J]. 上海：东华大学学报（英文版），2001 (1)：111-115.

[6] Li Xinggang， Li Yuanhong. A Study of Classification of Figures and Sizes for Middle and Old-Middle Men[J]. 上海：东华大学学报（英文版），2003(3)：129-133.

[7] 李兴刚，朱耀庭. 立体裁剪中环形和波浪形的变形规律分析[J]. 上海：中国纺织大学学报，1994(1)：72-77.

[8] 李兴刚. 俄罗斯的分割法与服装结构设计研究[J]. 上海：国外纺织技术，1994(2)：39-41.

[9] 李兴刚. 对俄服装贸易的分析和市场特点的探讨[J]. 上海：中国纺织大学学报，1995(1)：22-28.

[10] 李兴刚. 时尚服装款式与结构变化的研究[J]. 上海：中国纺织大学学报，2001(1)：53-56.

[11] 李兴刚，李俊. 男西装袖子纸样设计的实验研究分析[J]. 上海：东华大学学报，2001(4)：108-113.

[12] 李兴刚，沈卫勤. 中老年女子体型变化分析和原型设计研究[J]. 上海：东华大学学报，2001(5)：121-125.

[13] 李兴刚，李元虹. 有关现代工业化生产中男西装制作技术的几点研究[J]. 上海：东华大学学报，2002(1)：41-46.

[14] 李兴刚，李元虹. 上海地区中老年男子体型变化和服装号型划分研究[J]. 上海：东华大学学报，2003(6)：18-21.

[15] 李兴刚，李元虹，苏同岳. 无放松量立体裁剪——平面设计青年女子服装原型研究[J]. 上海：东华大学学报，2004(2)：97-101.

[16] 国家技术监督局. 服装号型[M]. 北京：中国标准出版社，1998.

[17] 张文斌. 服装结构设计[M]. 北京：中国纺织出版社，2006.

[18] 张文斌. 服装工艺学(成衣工艺分册)[M]. 北京：中国纺织出版社，1993.

[19] 李兴刚. 男装天地——时尚款式与结构设计[M]. 上海：中国纺织大学出版社，1999.

[20] 李兴刚. 男装制作工艺[M]. 上海：中国纺织大学出版社，1999.

[21] 李兴刚. 男装设计与搭配[M]. 上海：上海科学普及出版社，1999.

图书在版编目(CIP)数据

男装结构设计与纸样 / 李兴刚编著. -- 上海:东华大学出版社, 2020.10

ISBN 978-7-5669-1798-0

Ⅰ. ①男… Ⅱ. ①李… Ⅲ. ①男服－服装结构－服装设计－高等学校－教材②男服－纸样设计－高等学校－教材 Ⅳ. ①TS941.718

中国版本图书馆CIP数据核字(2020)第199699号

责任编辑　谭　英
封面设计　李　博
封面制作　Marquis

男装结构设计与纸样
Nanzhuang Jiegou Sheji yu Zhiyang

李兴刚　编著

东华大学出版社
上海市延安西路1882号
邮政编码：200051　　　　发行部电话：021-62373056
出版社官网　http://dhupress.dhu.edu.cn/
出版社邮箱　dhupress@dhu.edu.cn
上海龙腾印务有限公司印刷
开本：787mm×1092mm　1/16　印张：11　字数：292千字
2020年10月第1版　　2022年2月第2次印刷
ISBN 978-7-5669-1798-0
定　价：41.00元